AGUSTÍN ESMARO GUEVARA RUIZ

Geração de energia eléctrica por efeito gravitacional

AGUSTÍN ESMARO GUEVARA RUIZ

Geração de energia eléctrica por efeito gravitacional

Exemplo de aplicação da ciência: um estudo experimental patenteado

ScienciaScripts

Cover image: www.ingimage.com

This book is a translation from the original published under ISBN 978-613-9-43793-1.

Publisher:
Sciencia Scripts
is a trademark of
Dodo Books Indian Ocean Ltd. and OmniScriptum S.R.L publishing group

120 High Road, East Finchley, London, N2 9ED, United Kingdom
Str. Armeneasca 28/1, office 1, Chisinau MD-2012, Republic of Moldova, Europe
Printed at: see last page
ISBN: 978-620-8-24626-6

Conteúdo

Referências bibliográficas

Guevara, A. (2020). *La teleologla de los experimentos cientificos: el caso de la calda Ubre de los cuerpos.* [Tesis de pregrado, Universidad Nacional Mayor de San Marcos, Facultad de Letras y Ciencias Humanas, Escuela Profesional de Filosofia], Repositorio institucional Cybertesis UNMSM.

RESUMO

O objetivo desta investigação de tese foi demonstrar que a experiência da queda livre dos corpos é suscetível de mudar de objetivo. Com esta investigação demonstramos que a experiência da queda livre dos corpos pode ser repetida, mas com objectivos diferentes daqueles que motivaram Galileu Galilei a realizar uma experiência utilizando o plano inclinado.

A hipótese que orientou a nossa investigação foi: A experiência da queda livre dos corpos é suscetível de mudança de finalidade. Para confirmar esta hipótese, foi necessário inventar um protótipo tecnológico que funciona no momento em que um corpo suspenso cai em direção ao centro da Terra; no caso dos processos experimentais que nos permitiram confirmar a nossa hipótese, o corpo a ser atraído era a massa de água contida num ou mais recipientes.

Depois de ter confrontado as teorias com os resultados dos processos experimentais, a hipótese foi confirmada, tal como expresso na conclusão principal da experiência: Utilizando uma faixa como meio de transmissão de energia potencial gravitacional, com um caudal de 10, 757 L/min, com uma altura de 8,56m, conseguimos obter 11, 56 volts DC.

Os resultados desta investigação permitiram a concessão de uma patente - pela Indecopi - à Universidad Nacional Mayor de San Marcos.

INTRODUÇÃO

O presente relatório de investigação de tese oferece um conteúdo concetual abstraído de dois aspectos bem diferenciados do conhecimento humano: por um lado, esta investigação apresenta conteúdos puramente teóricos baseados em fontes que nos fornecem dados descritivos e teóricos, basicamente. A outra vertente académica baseia-se em dados originais retirados de processos científico-experimentais e na elaboração de um sistema mecânico como elemento material necessário para a obtenção dos dados, sobretudo quantitativos, obtidos nas várias etapas e processos experimentais.

Como abertura da pesquisa, teoricamente, fazemos referência histórica e temática à contribuição que Galileu Galilei deu à ciência e, com ela, à humanidade. Da contribuição intelectual do cientista italiano, retiramos alguns conteúdos, que estão relacionados a alguns parâmetros do processo científico-experimental no qual Galileu se baseou para obter os dados necessários para a elaboração da lei da queda livre dos corpos.

A nossa investigação baseia-se em ter repetido - de alguma forma - a experiência da queda dos corpos utilizando, para o efeito, meios técnicos como uma correia, roldanas, eixos e contentores, principalmente.

No que diz respeito à invenção do sistema tecnológico, este foi concebido de forma a que, quando um objeto cai na direção do centro de gravidade da Terra, gera uma propulsão mecânica; neste caso, os objectos a cair foram os vários contentores que estão estrategicamente ligados à correia de propulsão, como veremos mais adiante.

Neste sentido, o objetivo que procurámos atingir no final desta investigação de tese consistiu em demonstrar que uma experiência científica é suscetível de mudar a sua finalidade. Com efeito, a experiência que tivemos em conta para exemplificar o objetivo proposto foi a da queda livre dos corpos. Depois de termos realizado várias repetições da experiência, o nosso objetivo de investigação foi alcançado, uma vez que utilizámos a massa de água contida em recipientes como corpos sujeitos à atração terrestre, e estes recipientes, estando aderidos à correia, ao caírem seguindo uma direção vertical, geraram uma certa propulsão e, com isso, foi possível gerar energia eléctrica (Ver figura nº 2).

No aspeto científico, indicamos o papel desempenhado pela força de gravidade terrestre na sua condição de constante, de acordo com as variáveis independentes (volume e altura). É de salientar que não estamos à procura de dados quantitativos derivados dos vários passos e processos científico-experimentais para encontrar a lei científica que explicaria o fenómeno da queda dos corpos, como fez Galileu Galilei, mas, no nosso caso, estamos à procura do facto de que, seguindo a constante da gravidade e algumas variáveis intervenientes na experiência de Galileu, poderíamos obter um produto de utilidade prática que beneficiaria a sociedade: a energia eléctrica.

No que diz respeito à mecânica, Galileu Galilei utilizou, sobretudo, instrumentos como o plano inclinado e as esferas; de facto, o objetivo do pai da ciência moderna era encontrar a lei que explicasse o fenómeno da queda livre dos corpos. Da nossa parte, o objetivo era diferente, tal como diferentes eram os instrumentos mecânicos utilizados; ou seja: o nosso objetivo experimental era encontrar a forma de produzir

energia eléctrica; para tal, não recorremos ao plano inclinado e às esferas, mas sim a uma correia, roldanas e vasos, principalmente; como detalhado no capítulo IV.
Tanto no aspeto científico como no tecnológico, foi tida em conta a fórmula que descreve a força gravitacional da Terra como uma constante.
Com algumas melhorias técnicas em relação aos primeiros desenhos dos protótipos, o sistema mecânico inventado, no seu desenho final, foi apresentado ao Indecopi para seguir um processo de avaliação e administrativo para obter a patente; o mesmo que nos foi concedido, pelo Indecopi, em 05 de novembro de 2020.
A fim de apresentar as etapas, os métodos e as conclusões desta investigação da forma mais pormenorizada possível, dividimos esquematicamente esta investigação de tese em quatro capítulos:
Na parte inicial do primeiro capítulo apresentamos uma breve referência histórica à interação entre o ser humano e o fenómeno da atração terrestre. Noutra parte do mesmo capítulo, apresentamos uma análise do papel que a filosofia, enquanto disciplina abrangente, desempenha ou deveria desempenhar face aos desafios e problemas que a espécie humana enfrenta atualmente, em particular os problemas derivados das alterações climáticas. Neste capítulo, argumentamos também a razão de termos elaborado uma tese que se baseia em dados originais derivados de uma série de processos experimentais, conduzidos por alguém que foi academicamente formado numa escola académica profissional tradicionalmente desligada do trabalho científico experimental. No final deste capítulo, apresentamos o objetivo geral da investigação e a respectiva hipótese.
Entretanto, no capítulo II, expomos o carácter complementar que existe entre a ciência e a tecnologia, pelo que damos credibilidade aos especialistas que defendem que a tecnologia é uma aplicação da ciência, tomando como exemplo ilustrativo as centrais hidroeléctricas, que são sistemas electromecânicos, que, para funcionarem, necessitam de conhecimentos científicos e tecnológicos, e cujo produto é a eletricidade, que é um produto de grande importância para o progresso e bem-estar das diferentes sociedades do mundo atual. E, dado que o conhecimento é transmitido através de uma linguagem, neste capítulo abordamos também a questão do tipo de linguagem através da qual a tecnologia comunica o conhecimento que lhe está associado.
Capítulo III. Nesta secção, apresentamos os contributos científicos mais relevantes do próprio Galileu Galilei, a sua produção científica que dá suporte epistemológico à lei da queda livre dos corpos.
Finalmente, no capítulo IV, abordamos as questões relativas aos nossos processos experimentais, tanto nos aspectos científicos como tecnológicos. Aqui apresentamos as principais conclusões da nossa experiência, sendo a principal a seguinte: Conseguimos produzir energia eléctrica com os seguintes parâmetros e variáveis: Utilizando uma folha como meio de transmissão de energia potencial gravítica, com um caudal de 10, 757 L/min, a uma altura de 8,56 m, conseguimos obter 11, 56 volts DC.

CAPÍTULO I

ASPECTOS HISTÓRICOS E EPISTEMOLÓGICOS

1.1 Resumo

Objetivo geral da investigação da tese: Demonstrar que a experiência da queda livre dos corpos é suscetível de mudança de finalidade.

Hipótese: A experiência da queda livre dos corpos é suscetível de mudança de objetivo.

Análise e conteúdo: Uma das tarefas académicas necessárias para compreender a origem, a evolução e o desenvolvimento desta ou daquela disciplina do conhecimento humano é precisamente conhecer o seu desenvolvimento histórico. No caso da formação académica em filosofia, entendida como carreira académico-profissional, ao longo do processo formativo, em mais do que uma disciplina, são leccionados conteúdos temáticos relacionados com a história da ciência, da técnica e da tecnologia; para além disso, no processo académico-formativo, foram leccionadas disciplinas que nos permitiram elaborar juízos valorativos sobre a ciência e a tecnologia, referimo-nos especificamente às disciplinas relacionadas com a epistemologia.

Com base nos conhecimentos adquiridos durante a formação académica em filosofia, achámos conveniente desenvolver uma investigação em que explicamos e aplicamos uma das experiências científicas desenvolvidas por Galileu Galilei: a queda livre dos corpos.

Ora, se fizermos uma breve análise do contexto social e académico em que Galileu desenvolveu as suas diferentes actividades científicas, no que diz respeito à queda livre dos corpos, verificamos que - entre outros objectivos - ele perseguia um objetivo: encontrar a verdade sobre o fenómeno da queda dos corpos. Depois de desenvolver um rigoroso processo científico-experimental, conseguiu dar uma explicação satisfatória, uma vez que se tratava de uma explicação científica, que foi feita seguindo um método científico-experimental, cujos resultados apresentou expressos em linguagem matemática, referimo-nos, especificamente, à lei conhecida no âmbito científico e académico, como a lei da queda livre dos corpos, que na sua estrutura algébrica inclui a força da gravidade terrestre como constante.

Passaram séculos desde que o referido investigador italiano deu uma explicação científica a um fenómeno histórico próprio do planeta em que vivemos; no entanto, apesar do passar dos séculos, atualmente, o valor quantitativo da lei da queda livre dos corpos, expresso em termos matemáticos, está a ser aplicado em diferentes áreas do conhecimento humano, especialmente no domínio da tecnologia.

Nesta investigação de tese, explicamos o processo experimental de uma aplicação adicional às aplicações existentes; para concretizar a aplicação, escolhemos metodologicamente aplicar os métodos e princípios da experiência da queda livre de corpos para obter, como resultado principal, a geração de energia eléctrica, em cujo processo foi necessário utilizar a queda de certos volumes de água contidos em recipientes de tamanho e forma estratégicos.

Depois de termos realizado a experiência com base nos princípios da lei da queda livre dos corpos, obtivemos o resultado esperado: conseguimos gerar energia eléctrica utilizando um sistema mecânico que, no processo do seu funcionamento, inclui a lei da queda livre dos corpos como uma constante.

Ao realizar as diferentes medições e tratamento dos dados recolhidos no processo experimental, quantitativamente, observou-se uma vantagem diferencial da experiência objeto desta investigação, em relação aos outros processos de obtenção de energia eléctrica a partir da utilização da energia potencial gravítica da água, uma vez que no experimento não utilizamos a força obtida a partir da pressão hidráulica, mas especificamente, optamos por aproveitar a força da gravidade terrestre, uma vez que esta atrai todos os corpos localizados na superfície terrestre ou próximos a ela, sendo um destes corpos a massa da água.

Para explorar a força da gravidade da forma mais eficaz possível, foi necessário inventar um sistema, principalmente de natureza mecânica; com esta invenção, foi possível explorar a gravidade da terra, utilizando a massa da água e a altura como variáveis independentes no processo científico-experimental.

Os resultados obtidos com a experiência permitiram-nos confirmar a hipótese da investigação experimental, ou seja, demonstrámos que, através de determinados processos metódicos, é possível gerar energia eléctrica, tendo como constante a lei da queda livre dos corpos. O facto de termos confirmado a hipótese significa, portanto, que alcançámos uma importante realização técnica, tecnológica e científica.

Do ponto de vista filosófico, o facto de ter tomado fontes cognitivas ligadas à filosofia para desenvolver uma investigação como a que acabamos de descrever, permite-nos demonstrar que a filosofia dispõe de meios e instrumentos académicos suficientes para contribuir com parte da solução de certos problemas que se nos apresentam nas actuais circunstâncias científicas, sociais e académicas; em particular, com parte da solução de um dos problemas de carácter universal: A falta de energia, que está relacionada com os tipos de fontes de energia, pois sabe-se que muitas vezes, as fontes e os processos de obtenção de energia, não são os mais adequados, do ponto de vista ecológico, pois em muitos casos levam à poluição ambiental, já que o uso dessas fontes, geralmente se tornam agentes causais do aumento da temperatura na superfície terrestre.

Por fim, consideramos pertinente salientar que, um trabalho académico como o que temos vindo a expor, é, de alguma forma, uma continuação da tarefa científico-filosófica que um dia, o primeiro filósofo da humanidade iniciou: Tales de Mileto, na Grécia antiga, que demonstrou, experimentalmente, certas caraterísticas e propriedades do fenómeno físico que torna possível a ação à distância, demonstração essa que se baseou na observação da atração de pequenas partículas, após o filósofo grego ter feito uma fricção de objectos que reuniam caraterísticas e propriedades particulares (âmbar). O que o referido filósofo fez, em nosso entender, foi a primeira experiência sobre fenómenos relacionados com a eletricidade e o eletromagnetismo; aliás, "é da palavra 'eletrão' (âmbar: amarelo, em grego) que se formou a nossa palavra 'eletricidade'" (Garcia, 1957, p. 14).

1.2 Motivação

A geografia peruana, pela sua própria natureza, apresenta caraterísticas muito divergentes, tais divergências de caraterísticas podem ser estabelecidas a partir de diferentes pontos de vista; por exemplo, o território peruano tem desde montanhas

cobertas de neve a desertos; tem florestas na costa, nas terras altas e na selva, mas estas diferem muito umas das outras. Outro indicador de divergência geográfica é o facto de a planície costeira e a planície amazónica estarem separadas pela Cordilheira dos Andes.
Se considerarmos a divisão do território peruano em Costa, Serra e Selva, verificamos que em diferentes áreas e em diferentes épocas, houve civilizações que se desenvolveram graças ao facto de terem sido capazes de enfrentar as adversidades naturais oferecidas pelas áreas em que essas civilizações se estabeleceram; mas que, por sua vez, foram capazes de aproveitar as vantagens oferecidas pelos locais em que esses diversos grupos sociais se estabeleceram.
A arqueologia, como ciência que estuda os vestígios das diversas manifestações culturais do passado, tem demonstrado que, nessas três regiões do Peru, houve a presença de culturas pré-incas e incas, culturas que se convencionou chamar de pré-hispânicas. No entanto, é importante esclarecer que, embora essas culturas possuíssem um tipo de conhecimento que permitia sua preservação no tempo e no espaço, esse conhecimento não reunia as condições e caraterísticas necessárias para ser qualificado como conhecimento científico ou tecnológico. Portanto, seguindo os critérios estabelecidos por muitos historiadores, arqueólogos, filósofos, epistemólogos, entre outros especialistas, diremos que o conhecimento possuído pelas culturas pré-hispânicas era um conhecimento técnico ou pré-científico. Precisamente os vestígios das manifestações culturais do passado fornecem provas tangíveis deste tipo de conhecimento.
Note-se que uma das caraterísticas da ciência é a sua artificialidade e o seu grau de abstração, caraterísticas que não encontramos nos vestígios arqueológicos deixados pelas culturas pré-hispânicas.
Neste ponto, é pertinente salientar que, quando o ser humano teve limites para as suas capacidades naturais, procurou e - em alguns casos - conseguiu "prolongar" as suas capacidades naturais apoiando-se na técnica, na tecnologia ou na ciência; Assim, por exemplo, como exemplo de uma combinação de técnica e matemática prática, para não esquecer um grande número de elementos, o ser humano apoiou-se em objectos que juntos representavam um determinado número, então, ao contá-lo novamente quando era necessário, mesmo que o tempo tivesse passado e o número tivesse sido alto, o indivíduo recuperou os dados numéricos sem maiores dificuldades; neste caso, ele estava prolongando uma de suas capacidades naturais destinadas a armazenar dados: a sua memória. Este é um exemplo de artificialidade pré-científica que foi certamente praticado pelas diferentes civilizações do mundo antigo.
Já nos tempos modernos, para citar dois exemplos ilustrativos, encontramos o telescópio e o microscópio como instrumentos que tornam possível uma extensão da capacidade humana natural de ver.
A escrita alfabética foi e é, sem dúvida, uma forma de prolongamento da memória do ser humano, e é aquela em que a artificialidade humana é mais evidente ao longo do processo de evolução da espécie *Homo sapiens sapiens*. A escrita, como memória artificial, não só armazenava dados referentes a conhecimentos matemáticos, como também armazenava dados expressos gramaticalmente, incluindo explicações, descrições, definições, etc.

Este tipo de escrita, no seu conjunto, permitiu a formação de uma espécie de "mega-memória", e ainda hoje utilizamos certos dados armazenados em suportes físicos que foram escritos há milhares de anos. E, hoje, todos os dias, a mente humana continua a acumular uma infinidade de dados em suportes físicos e digitais, por meio da escrita, em todas as partes do mundo, dados aos quais as memórias humanas do futuro terão acesso sem grandes esforços, e este acontecimento repetir-se-á sempre que os indivíduos humanos do futuro o considerarem conveniente.

A escrita, para além de ser entendida como uma memória artificial, é também um meio artificial de transmissão de conhecimento, uma vez que era e é através da escrita que o conhecimento era e é comunicado, particularmente o conhecimento derivado do trabalho científico, especialmente os resultados de um processo de investigação.

Este tipo de memória artificial não era o destinatário do conhecimento de que dispunham as culturas pré-hispânicas, pelo que o conhecimento pré-hispânico não avançava para além do conhecimento técnico, ao nível prático, e das explicações místicas de alguns fenómenos naturais, ao nível abstrato.

Mas é pertinente salientar que a ausência de escrita alfabética não foi um obstáculo para que *o Homo sapiens sapiens* pertencente a sociedades pré-hispânicas desenvolvesse obras portentosas que, ainda hoje, são objeto de estudo científico em muitos casos.

Como em diferentes espaços e épocas pré-históricas e históricas, no mundo, a força da gravidade terrestre foi também um fenómeno natural com o qual interagiram os homens das culturas pré-hispânicas; algumas das evidências que sustentam o que acabamos de afirmar podem ser encontradas, por exemplo, na construção de pontes, na construção de grandes fortalezas, na construção de numerosos terraços, canais hidráulicos, estradas, etc.Em todas estas obras, que não foram construídas "de um dia para o outro", os humanos desta parte do mundo e desta época, certamente, tiveram por vezes a gravidade como um fator adverso aos seus interesses, mas, outras vezes, tiveram-na como um fator favorável aos seus objectivos práticos.

Para que as afirmações que acabamos de fazer sejam confrontadas com factos, mais precisamente com factos de natureza histórica, decidimos verificar *in situ* uma das grandes e portentosas obras de alta "engenharia hidráulica" desenvolvidas em parte do nosso solo peruano e em tempos pré-incas; referimo-nos ao espantoso canal de Cumbemayo, situado no departamento de Cajamarca.

De facto, Cumbemayo é um sítio arqueológico situado a cerca de 19 km a sudoeste da cidade peruana de Cajamarca, a uma altitude de cerca de 3.500 metros acima do nível do mar [1].

[1] O Parque Arqueológico e a Área Intangível, reconhecidos pela Lei 24047, estão situados num planalto de pastagens sem árvores, entre as colinas esculpidas pela erosão do vento. Como uma serpente de pedra, o canal de Cumbemayo ergue-se no topo da divisão Pacífico-Atlântica e segue um caminho ora retilíneo, como se quisesse furar as nuvens, ora em ziguezague. Cortando a rocha viva e aquecida pelos raios solares, transporta a água cristalina durante nove quilómetros até às terras agrícolas. A sua origem não é conhecida, mas

Fonte: *Elaboração própria.*

tudo indica que há mais de três mil e quinhentos anos, mesmo sem cerâmica, foi palco de complexos ritos de invocação, os mesmos que a antropologia andina ainda não consegue descodificar. Os seus vestígios originais não têm outro motivo. Não há outro modo de explicar os milhares de horas investidas para esculpir 853 metros de rocha viva para transferir um litro de água por segundo. Poderia muito bem ter sido construída de outra forma. Se realmente tivesse sido feita com um fim utilitário, ou seja, para irrigação, poderia ter dimensões maiores, mas as dimensões iniciais, na rocha viva, de 0,35 a 0,50 m de largura e 0,10 a 0,30 m de profundidade, só obedecem a um objetivo: fazer parte de um palco para a magia do rito. Se a isto juntarmos o facto de em cada trecho da gruta existirem petróglifos marcantes que, como escritos de sabe-se lá que orações esquecidas, assinalavam o processo, temos de concluir que foi esta a razão da sua construção. Não sabemos como os homens de Cumbemayo se comunicavam com os seus deuses, ou com o Deus da Água em particular, mas o estudo da geometria e dos símbolos dos seus petróglifos é emocionante e surpreendente. Dois quilómetros de declive por cada metro de comprimento são suficientes para provar o domínio da agronomia que os nossos antepassados possuíam (Deza, 2012, pp. 13 - 14).

Foto N° 2: *Canal de Cumbemayo, linha reta sob uma ponte.*

Fonte: *Elaboração própria.*

Foto N° 3: *Canal de Cumbemayo, em linha reta.*

Fonte: *Elaboração própria.*

Fonte: *Ancajima (2013, p. 06).*

Sobre este tipo de vestígios ligados à hidráulica pré-hispânica no nosso país, foram efectuados diversos estudos, como o do antropólogo e físico John Earls, que refere que:

A irrigação inca das terras altas fez uso extensivo dos caudais supercríticos nos canais [...], a irrigação das terras altas era basicamente para controlo de riscos, enquanto nos locais mais secos perto da costa não poderia ter havido qualquer agricultura sem irrigação (2006, p. 119).

Para evitar catástrofes que poderiam ter sido causadas pelo escoamento das águas que desciam atraídas pela força gravitacional da terra, os colonos pré-hispânicos construíram canais: estavam a lutar contra a gravidade; em vez disso, ao utilizarem

as águas que chegavam aos vales costeiros atraídas pela força da gravidade, estavam a tirar partido da força de atração da terra para um benefício coletivo, logo social.
O simples facto de se ter construído um canal de irrigação numa encosta, através do qual a água flui de uma parte alta para uma parte baixa, permite-nos compreender que neste processo estiveram presentes três elementos naturais: a força da gravidade, uma altura e o volume de água, e como elemento produzido pela mente humana esteve o conhecimento prático refletido na construção de um tipo de canal.
Com a chegada dos espanhóis surgiu um vasto leque de expressões da cultura europeia, tanto ao nível tecnológico, como tecnológico e científico. Entre as novidades provenientes do núcleo da cultura europeia, que tiveram um impacto significativo nas culturas ancestrais do Tahuantinsuyo, contam-se, na nossa opinião, a religião, a língua espanhola, a moeda, a escrita e a roda.
Há uma série de exemplos de carácter técnico e tecnológico que confirmam que parte do conhecimento europeu encontrou, em território peruano, os meios materiais adequados para a sua aplicação e materialização; assim, um exemplo claro da referida aplicação foram os moinhos destinados a moer grãos e cereais que funcionavam com a força produzida pela queda da água.
Neste tipo de aplicação do conhecimento europeu no território do continente sul-americano, encontramos um exemplo claro de complementaridade entre o conhecimento europeu e as qualidades materiais que o território desta parte do mundo possui; assim, o solo peruano ofereceu a pedra para desenhar e esculpir a roda; [2]Ao mesmo tempo, a geografia peruana fornecia os declives necessários para que as massas de água se movessem, atraídas pela força da gravidade; no entanto, este exemplo de aplicação do conhecimento europeu em território peruano é um tipo de conhecimento a um nível pré-tecnológico, como demonstram os restos de um moinho hidráulico que documentámos através de fotografias tiradas *in situ* .

[2] A interação do *Homo sapiens sapiens* com a força de atração da terra evoluiu ao longo do tempo, ou seja, passou do simples aproveitamento da água por meio de canais, passando pela construção de moinhos de vento, até às centrais hidroeléctricas. Para fornecer dados tangíveis desta evolução, apresentamos neste ponto da investigação os vestígios que mostram a interação do ser humano com a gravidade da terra, neste caso, para tirar partido dela, mas apenas a um nível pré-tecnológico. São vestígios de moinhos cuja propulsão provém da queda de um determinado volume de água, mas que hoje já não operam este tipo de máquinas mecânicas, pois foram substituídos por moinhos de moagem de cereais que funcionam com motores eléctricos. Estes vestígios, que testemunham a utilização da força da gravidade terrestre, estão localizados numa zona rural do departamento de Cajamarca - Peru.

Foto N° 5: *Vista panorâmica dos restos de um moinho de cereais, baseado na força da queda de água.*

Fonte: *Elaboração própria.*

Foto N° 6: *Rodas de pedra, como vestígio de um moinho movido a água. Interiores da fotografia N° 5.*

Fonte: *Elaboração própria.*

Ao longo dos séculos, o conhecimento humano evoluiu; no entanto, em certos casos, ainda hoje encontramos produtos em que se pode observar a complementaridade entre o conhecimento europeu e as caraterísticas e propriedades do território peruano, mas o resultado dessa complementaridade já se encontra a um nível tecnológico e, por conseguinte, é o resultado da aplicação da ciência.

Além disso, atualmente existem vários exemplos de tecnologias hidráulicas instaladas em solo peruano que funcionam graças à existência de elementos naturais, tais como uma altura, um volume de água em interação com a gravidade da terra, e existe também um declive através do qual flui um determinado volume de água, e, como elementos produzidos pela criatividade humana, temos a escrita gramatical e matemática, e ainda todo um sistema eletromecânico que permite converter a energia potencial da água em energia cinética, que por sua vez é convertida em energia eléctrica: é um exemplo de conhecimento humano refletido na ciência e na tecnologia chamado central hidroelétrica.

Com efeito, a construção de uma central hidroelétrica é um exemplo patético do facto de a geografia peruana ter oferecido e continuar a oferecer caraterísticas adequadas e apropriadas para a aplicação do conhecimento científico e, consequentemente, para o desenvolvimento de algum tipo de tecnologia. É, além disso, um exemplo evidente de que, embora os antigos peruanos utilizassem estes elementos naturais (volume de água, altura, gravidade terrestre) a um nível técnico e/ou científico, atualmente, estes mesmos elementos naturais e alguns outros podem enquadrar-se no jogo do desenvolvimento científico e tecnológico que o conhecimento humano possibilita hoje.

Sem dúvida, se os colonos pré-hispânicos não conseguiram combinar estes elementos naturais com os elementos intelectuais de carácter científico e tecnológico, foi porque não estavam ao seu alcance ou não estavam disponíveis; no entanto, nos tempos actuais, na nossa opinião, é tarefa dos investigadores deste sector do conhecimento fazer o que eles não conseguiram fazer: complementar o conhecimento científico e tecnológico com determinadas caraterísticas geográficas que o território peruano oferece; estas caraterísticas, em muitos casos, revelam-se muito favoráveis à aplicação da ciência e da tecnologia para alcançar o bem-estar de alguns sectores sociais da atualidade.

Para citar alguns exemplos de complementaridade entre a natureza e o conhecimento: o território peruano oferece os ventos para gerar energia eólica; os desertos para gerar energia fotovoltaica e eólica; e as grandes quedas de água em ambas as encostas dos Andes para gerar hidroenergia, cujo potencial hidroenergético, aliás, ainda não é explorado a cem por cento do seu potencial natural.

É verdade que a "bandeira" levantada pelo conhecimento ocidental foi a escrita, e a escrita por excelência adequada para a ciência foi e é a matemática; por seu lado, o território peruano tem certas caraterísticas que lhe permitem atuar como recetor do conhecimento ocidental, quando se trata de aplicar a ciência, em concreto, o conhecimento científico e tecnológico; Portanto, a tarefa do investigador peruano - entre outros aspectos - deve consistir em analisar e calcular onde e como as caraterísticas orográficas do relevo do território peruano podem ser complementadas com sucesso com o conhecimento científico e tecnológico do Ocidente e de outras partes do mundo.

No caso da nossa inovação tecnológica, conseguimos estabelecer uma complementaridade bem sucedida entre a inclinação (caraterística da Cordilheira dos Andes), a altura, o volume de água, a força da gravidade terrestre e a lei científica estabelecida pelo europeu Galileu Galilei, a lei que explica o fenómeno da queda livre dos corpos; para conseguir a referida complementaridade recorremos a dispositivos electromecânicos de natureza tecnológica, obtendo como resultado um sistema tecnológico que permite gerar energia eléctrica e, com isso, cobrir uma das necessidades prioritárias das populações rurais da Serra do Peru; quando falamos de necessidade, neste caso, referimo-nos, especificamente, à falta ou escassez de energia eléctrica como recurso indispensável no estado atual da civilização.

1.3 Declaração do problema de investigação

É verdade que, desde a pré-história, o ser humano começou a utilizar as suas primeiras ferramentas para satisfazer, principalmente, algumas das suas necessidades vitais. Desde essa época até aos dias de hoje, o homem tem desenvolvido diariamente muitas das suas actividades para alcançar o seu bem-estar; é de salientar que um número significativo dessas actividades esteve relacionado, de alguma forma, com a força da gravidade da Terra; ou seja, o ser humano sempre desenvolveu actividades, quer para enfrentar a força da gravidade, quer para tirar algum tipo de partido dela. Para citar um exemplo muito quotidiano: no próprio facto de um indivíduo humano dar um passo, é verdade que: no início do passo, o indivíduo "enfrenta" a força da gravidade y levanta o pé; no entanto, assim que o pé começa a descer até ao final do passo, a força da gravidade terrestre, acaba por ser benéfica; e, este foi um fenómeno que ocorreu na pré-história, na história e, sem dúvida, acontece nos dias de hoje.

Continuando com a perspetiva histórica, pode entender-se que a relação do homem com a força da gravidade se tornou uma interação dinâmica, que se tem repetido, sob diferentes formas e em diferentes espaços, desde os tempos arcaicos até aos nossos dias; no entanto, apesar de a força da gravidade ter desempenhado um papel significativo na evolução da história, para um grande sector da população mundial, esta importante influência da força da gravidade em várias actividades da vida quotidiana de toda a humanidade passa despercebida na atualidade.

A história da ciência mostra-nos que diferentes grupos humanos, com diferentes graus de clareza, identificaram e distinguiram a força de atração terrestre; desde então, tentando viver em harmonia com ela, os humanos procuraram sempre inventar instrumentos tecnológicos e/ou tecnológicos, quer para enfrentar as adversidades oferecidas pela gravidade terrestre, quer para tirar partido dela; estas invenções não foram mais do que produtos exclusivos da razão, os mesmos que se reflectem atualmente na ciência, na técnica e na tecnologia (exemplos: a equação que descreve a queda livre dos corpos, uma central hidroelétrica, a alavanca, etc.)

Seguindo e superando várias etapas da evolução humana, surgiu a possibilidade de superar os conhecimentos de natureza técnica e utilitária, passando assim a etapas em que, gradualmente, passaram a predominar os conhecimentos filosóficos, científicos e tecnológicos, respetivamente. Foi nestas etapas, em que a razão começou a predominar, que surgiram pessoas que, excecionalmente, se interrogaram sobre a razão da presença da força da gravidade na superfície da Terra.

De acordo com várias fontes históricas, houve muitas pessoas que tentaram dar uma explicação racional ao fenómeno da queda dos diferentes corpos.

Um dos primeiros intelectuais da antiguidade que tentou explicar o referido fenómeno, foi o filósofo Aristóteles, na sua obra intitulada: *Física,* na qual explicava a distinção dos tipos de movimentos, tanto a nível terrestre, como no âmbito dos outros planetas e das estrelas, também.

Mas, séculos mais tarde, a pessoa que se perguntou porque é que os corpos caem e que, ao mesmo tempo, deu uma resposta satisfatória, porque tinha um carácter científico, foi sem dúvida Galileu Galilei, e fê-lo baseando-se no método científico experimental.

Na época em que Galileu desenvolveu a sua experiência destinada a explicar a queda dos corpos, existia uma lacuna no conhecimento científico sobre a verdade acerca do fenómeno natural referido à atração terrestre; foi nestas circunstâncias que o cientista italiano propôs e depois conseguiu explicar o fenómeno da queda dos corpos apoiando-se no método de carácter científico experimental e, cujos resultados apresentou-os expressos - preferencialmente - em linguagem matemática. Neste contexto histórico, a procura de uma explicação razoável para a queda dos corpos era uma necessidade científica, ou seja, havia a necessidade de conhecer a verdade sobre a gravidade da Terra enquanto fenómeno natural.

De facto, Galileu Galilei alcançou o seu objetivo e, como resultado, deixou-nos como valioso legado científico a lei da queda livre dos corpos, derivada de dados experimentais, uma vez que a lei da queda livre dos corpos é a lei da queda livre dos corpos.

Galileu utilizou um método de medição do tempo baseado num relógio de água. Marcou a posição do mostrador no plano inclinado em intervalos de tempo iguais. A partir destas marcas, Galileu apercebeu-se de que as distâncias percorridas durante os intervalos de tempo mantinham uma proporção ímpar: 1, 3, 5, 7. Como as proporções se mantinham com planos mais inclinados, este mesmo efeito tinha de ocorrer na queda livre. O tempo necessário para percorrer cada unidade de espaço é de 1,3, 5, 7..., o que significa que é necessária uma unidade de tempo para percorrer a primeira secção; no final da segunda secção, foi necessário um total de 1+3 = 4 unidades de tempo (Corcho, 2012, p. 111).

A partir destes dados preliminares, a lei é deduzida numa expressão algébrica:

$$g = 9{,}8\ m/s^2$$

Como se pode verificar, esta lei é expressa em linguagem matemática, que tem um carácter operacional, uma vez que, na estrutura formal do referido conceito, mais do que uma variável e a constante de gravidade (*g*) concorrem numa única fórmula, mas que, ao operar matematicamente, o referido conceito explica a verdade sobre um único fenómeno: a força da gravidade terrestre.

O conceito matemático em referência, Galileu obteve-o seguindo o método hipotético dedutivo, para o qual foi necessário seguir um processo experimental e, para comunicar os seus resultados ao mundo, utilizou a álgebra, uma disciplina matemática que - a propósito - foi um valioso legado dos árabes, razão pela qual o conceito matemático que explica o fenómeno da queda livre dos corpos, tem a forma de uma equação, portanto, na sua estrutura formal aparecem certas variáveis e constantes ordenadas de acordo com as regras formais da álgebra.

As equações do movimento de Galileu são utilizadas para conhecer a posição e a velocidade de um corpo ao longo do seu movimento no vácuo e podem ser utilizadas com grande precisão num campo gravitacional, ou seja, quando se deixa cair um corpo de uma determinada altura. (Fernandez, 2012 pp. 66 - 67).

Atualmente, dispomos de conhecimentos suficientes sobre a queda dos corpos, expressos em conceitos matemáticos, e esta explicação é epistemologicamente designada por lei científica; esta lei, para a comunidade académica e científica, constitui um recurso intelectual valioso, que permitiu e permite, entre outras coisas, o desenvolvimento de vários tipos de tecnologias e, com isso, a melhoria das condições de vida de muitos sectores da sociedade mundial.

Nos tempos actuais, sempre que achamos conveniente repetir a experiência da queda livre dos corpos, em diferentes contextos, fazemo-lo, geralmente, para fins didácticos, uma vez que o fenómeno natural já tem uma explicação científica, pelo que, por mais vezes que se repita, os resultados a que se chega serão sempre os mesmos. Uma repetição emblemática e histórica da experiência de Galileu é a experiência que,

Em 1971, o astronauta David Scott, da Apollo 15, deixou cair uma pena e um martelo na superfície lunar, para verificar que ambos chegavam ao solo ao mesmo tempo, dada a ausência de atmosfera no nosso satélite e, portanto, a falta de atrito, de modo que as equações de movimento de Galileu pudessem ser cumpridas. "O que prova que as ideias do Sr. Galileu estavam corretas", comentou Scott no final da famosa experiência, em homenagem ao toscano (Fernandez, 2012, p. 67).

Esta repetição emblemática da experiência de Galileu é um marco histórico que apoia a nossa hipótese da presente investigação.

Como investigadores no domínio do conhecimento epistemológico e científico, compreendemos claramente que o fenómeno da queda dos corpos já tem uma explicação satisfatória; mas, na nossa opinião, o que ainda falta fazer é aumentar o número de aplicações da lei de Galileu em benefício da humanidade; Estas aplicações requerem necessariamente inovações a nível científico e tecnológico, o que mostra que a aplicação da lei da queda livre dos corpos é uma tarefa deixada por Galileu, mas que ainda não está concluída, embora em algum momento da história tenha sido repetida em solo lunar, inclusive. Por isso, um dos deveres dos actuais gestores de ciência e tecnologia é o de criar meios e condições para que este valioso instrumento científico possa continuar a ser aplicado como um meio válido para a resolução de alguns problemas sociais que afligem a humanidade nos dias de hoje.

Na tentativa de cumprir - de alguma forma - parte da tarefa, inventámos um sistema mecânico que funciona, entre outras coisas, graças à força da gravidade da Terra, e cuja eficiência observada no seu funcionamento é diretamente proporcional aos problemas de escassez ou falta de eletricidade em certas partes do mundo.

Note-se que, repetir a experiência para encontrar uma equação algébrica que permita explicar o fenómeno da queda livre dos corpos, nesta fase do tempo, seria desnecessário, e nós distinguimos claramente essa desnecessidade, razão pela qual, na nossa experiência, o objetivo principal já não era encontrar a verdade sobre um fenómeno físico, mas, sim, o nosso objetivo era atingir a eficácia da lei da queda livre dos corpos, eficácia essa que é suscetível de ser explicada pela lei da queda livre dos corpos, O objetivo principal da nossa experiência já não era encontrar a verdade sobre um fenómeno físico, mas sim alcançar a eficácia da lei da queda livre dos corpos, uma eficácia que pode ser avaliada e qualificada com conceitos percentuais no momento em que o sistema tecnológico inventado é posto em funcionamento; Portanto, esta verdade sobre a gravidade terrestre - que é explicada através de uma expressão algébrica - aumenta o seu raio de ação, porque, para além do âmbito puramente científico, ultrapassa e atinge também a esfera da realidade social.

O referido aumento do raio de alcance da verdade, que se explica através de um instrumento teórico denominado lei da queda livre dos corpos, reafirma ou reforça o verdadeiro carácter da fórmula algébrica galileana, uma vez que, mantendo inalterada a sua essência puramente científica e matemática, é também suscetível de ser aplicada à solução de problemas sociais; esta aplicação torna evidente o grau de eficiência e a utilidade prática da referida fórmula algébrica.

Evidentemente, a aplicação do direito a vários casos práticos é a prova tangível de que a fórmula está em condições de desempenhar papéis muito importantes, mesmo para além do domínio estritamente científico, para atingir o nível mais elevado possível de eficácia, o que terá um impacto positivo no domínio da realidade social, que se caracteriza por necessidades infinitas.

Agora, no processo de investigação da nossa tese, a nossa hipótese é a seguinte:

A experiência da queda livre dos corpos é suscetível de mudar de objetivo.

A esse respeito, é importante esclarecer que esse enunciado não se limita a ser uma mera proposição que expressa uma afirmação hipotética; mas, ao contrário, na nossa condição de cultivadores do método científico-experimental, embora tenhamos repetido, de alguma forma, o experimento da queda livre dos corpos, a diferença está no fato de que não buscamos encontrar uma lei científica que explique uma regularidade natural, mas, seguindo um caminho diferente (caminho tecnológico), buscamos - a partir da repetição do experimento galileano - resolver um problema da queda livre dos corpos, procurámos - a partir da repetição da experiência galileana - resolver um problema de natureza social, uma vez que, a partir da utilização de processos científico-experimentais, da utilização da lei da queda dos corpos, mais a invenção de um sistema tecnológico adequado, conseguimos produzir energia eléctrica através da utilização da energia potencial gravítica da água.

É oportuno enfatizar que o processo de produção de eletricidade por meio da nossa invenção, revelou-se mais eficaz em relação aos sistemas de produção de hidroenergia produzidos por sistemas tecnológicos convencionais, uma vez que, por meio do instrumento tecnológico inventado conseguimos aproveitar a energia potencial gravitacional da água, de tal forma que, conseguimos converter parte da força da gravidade terrestre em energia eléctrica, atingindo assim o objetivo da nossa investigação experimental, que consistia não em descobrir uma lei para explicar o fenómeno da queda livre dos corpos, mas em demonstrar que a aplicação da lei da queda livre dos corpos, como meio e instrumento científico, pode contribuir eficazmente para a solução de um problema de natureza social: a escassez de energia eléctrica, que, por sua vez, se correlaciona com um problema de natureza ecológica, que afecta todo o mundo e exige solução urgente: as alterações climáticas.

1.4 Objetivo da investigação

Mostrar que a experiência da queda livre dos corpos é suscetível de mudança de objetivo.

1.5 Justificação

A humanidade, em quase todas as épocas da pré-história e da história, enfrentou problemas de diferentes tipos, uns mais graves do que outros; outros, mais ou menos universais; perante esses problemas, os seres humanos reagiram oferecendo diferentes tipos de respostas, de acordo com o conhecimento e a capacidade de explicação que a espécie *Homo sapiens sapiens* teve perante qualquer problema. No entanto, é de notar que, embora as sociedades tenham explicado originalmente muitos problemas recorrendo a mitos como suporte, com o passar do tempo foram surgindo explicações racionais, inicialmente fornecidas apenas pela filosofia, e depois as explicações científicas foram-se juntando às explicações filosóficas.

É certo que a época atual não está isenta de problemas com um elevado grau de gravidade; por isso, a filosofia é chamada a responder - de alguma forma - a partir do seu próprio domínio de conhecimento. Consideramos que um dos problemas sobre os quais a filosofia deve atuar, ou pelo menos expressar o seu ponto de vista, é o das alterações climáticas. Uma vez que a filosofia se caracteriza pelo facto de ser uma disciplina transversal a todas as ciências, deve, portanto, tentar encontrar algum tipo de solução para o problema que acabámos de referir.

Não há dúvida de que as mudanças climáticas são hoje mais do que um mero problema, mas uma ameaça de considerável magnitude, não apenas para a vida da espécie humana, mas também para todos os seres bióticos que vivem no planeta Terra. A esse respeito, já em 2001, Bunge alertava:

O problema resume-se, portanto, ao seguinte: para ultrapassar a crise global e planetária do nosso tempo, precisamos de mais investigação científica e mais tecnologia do que nunca [...]. Tudo o que se sabe é que, ou enfrentamos a crise de forma racional e realista, ou a nossa civilização, ou mesmo a nossa espécie, extinguir-se-á. O grande dilema do nosso tempo é a racionalidade e o realismo ou a extinção (2001, p. 150).

Perante um problema desta envergadura no mundo, os profissionais de diferentes áreas do conhecimento humano têm o dever de contribuir para a sua resolução, pois estamos convencidos de que "as alterações climáticas no mundo envolvem muitos domínios diferentes: geologia, climatologia, oceanografia, física, química, ecologia, biologia, astronomia, etc." (Earls, 2007, p. 17); em particular, aqueles de entre nós que optaram por estudar filosofia numa universidade são também chamados a fornecer, pelo menos, uma solução alternativa, ou seja, uma solução, se não total, pelo menos parcial.); em particular, aqueles de nós que escolheram estudar filosofia numa universidade são também chamados a fornecer, pelo menos, uma solução alternativa, o que significa uma solução, se não total, pelo menos parcial, para o problema acima mencionado; desta forma, evitaremos fazer parte daqueles filósofos que, de acordo com Bunge, "não estão conscientes do que é discutido noutros departamentos ou do que acontece na sociedade que os acolhe e alimenta. Só lêem literatura filosófica e escrevem exclusivamente para os colegas" (2001, p. 104); sobre o ponto de vista do autor acabado de citar, vale a pena notar a posição de Bacon sobre a ligação indissociável entre filosofia e realidade prática: "Quando a filosofia é cortada das suas raízes na experiência, onde brotou e cresceu, torna-se morta" (Bacon, citado por Corcho, 2012, p. 22).

É por isso que, como investigadores, com base em princípios científicos e filosóficos - como uma tentativa - tomámos o método e a lei da queda livre dos corpos como um meio para encontrar algum tipo de solução para um problema social. Para que esta lei fosse aplicada com o máximo de eficácia na tecnologia, foi necessário inventar um instrumento tecnológico, de tal forma que, combinando a lei científica, o processo experimental e a invenção do instrumento mecânico, se demonstrasse que é possível aproveitar a força da gravidade terrestre em interação com a massa da água, para obter, como resultado esperado, a geração de energia eléctrica a partir de uma força constante existente no espaço e no tempo terrestres (gravidade terrestre) e de uma fonte de energia renovável (água). O facto de se ter provado que é possível gerar energia eléctrica, tendo como factores a força da gravidade e a massa da água, confirma a nossa hipótese de investigação.

Desta forma, mostrámos que certas acções podem ser tomadas de um ponto de vista filosófico para contribuir para a resolução do problema das alterações climáticas. A produção em massa do sistema eletromecânico que gera energia eléctrica contribui, sem dúvida, para minimizar o impacto ambiental negativo e, ao mesmo tempo, para proteger o meio ambiente sem privar o acesso e o uso dos confortos e conveniências que a civilização humana tem hoje; portanto, a nossa contribuição do campo da filosofia concorda com as políticas de Estado e de Governo assumidas por muitos países do mundo que visam combater as também chamadas: mudança climática; inclusive, na atualidade, a grande maioria dos países do mundo procura abordar o problema, a partir da implementação de um sistema económico-político de cooperação internacional e multissetorial; foi assim que surgiu um órgão multinacional chamado: A Conferência das Partes (COP) que é o órgão supremo de decisão da Convenção-Quadro das Nações Unidas sobre Mudança do Clima (UNFCCC, por sua sigla em inglês); deve-se notar que o Peru também é membro desse órgão internacional.

A primeira COP teve lugar em Berlim, em 1995. Até à data, foram realizadas 25 COP,

Na sua vigésima quinta reunião organizada e presidida pelo Chile, que teve lugar entre 2 e 13 de dezembro em Madrid, as 197 Partes que compõem o tratado -196 nações mais a União Europeia-, procurarão avançar para a implementação dos acordos que foram determinados na Convenção que estabelece obrigações específicas de todas as Partes para combater as alterações climáticas (COP25, 2019, n. p.).

Este organismo multissectorial e internacional refere-se à sua visão:

O mundo inteiro está num processo de transformação rumo a um desenvolvimento verdadeiramente sustentável. É fundamental aumentar a ambição com um equilíbrio entre a atenuação e a adaptação. Para tal, é necessária a participação dos Estados, dos governos locais e do sector privado. A COP deve favorecer acções climáticas concretas, garantindo um processo inclusivo para todas as partes e a integração formal do mundo científico e do sector privado. O nosso desafio é conseguir uma transição para uma ação em escala que seja percebida pelo público. As alterações climáticas são uma realidade hoje, não daqui a 50 anos (COP25, 2019, n. p.).

Como podemos ver, a formação da Conferência das Partes é basicamente uma resposta política; ou seja, é uma resposta acordada pelos representantes políticos de vários países em todo o mundo.

Ora, perante estas circunstâncias, relacionadas com as alterações climáticas, coloca-se a questão: ^Qual é a resposta que nós, enquanto profissionais da filosofia, devemos dar?

É sabido que a filosofia se caracteriza, entre outras coisas, por dar uma resposta a certos tipos de problemas. No nosso caso, a nossa resposta seria a de ter utilizado uma espécie de experiência científica como meio de produzir eletricidade em benefício da sociedade, sem que a produção dessa energia contribuísse para o aumento do efeito de estufa no mundo.

Como garantia da eficácia do funcionamento da nossa contribuição tecnológica, a nossa invenção mecânica, uma vez concluída, foi submetida a várias avaliações técnicas e científicas. Concretamente, a invenção objeto da presente tese de investigação, depois de ter passado por diferentes etapas experimentais, passou na altura pela avaliação interna da Direção Geral de Investigação e Transferência de Tecnologia, dependente da Vice-reitoria de Investigação e Pós-graduação da Universidade Nacional Mayor de San Marcos; depois, a invenção passou também pela avaliação realizada pelo

Instituto Nacional de Defesa da Concorrência e da Proteção da Propriedade Intelectual (Indecopi)

Conforme estipulado nas normas internas da Universidade e, a fim de obter a patente para a Universidad Nacional Mayor de San Marcos, cedemos os direitos de propriedade intelectual à Universidade, perante um notário público (Ver ANEXO N.º 2), isto em conformidade com o Regulamento da Propriedade Intelectual da Universidad Nacional Mayor de San Marcos, que no seu artigo 15.º se refere à propriedade das patentes de invenção e dos modelos de utilidade; na sua alínea "a", refere-se a isso:

O UNMSM tem a propriedade das investigações realizadas por docentes, investigadores, estudantes, alunos de tese, pessoal administrativo quando sejam desenvolvidas em resultado do exercício das funções inerentes à relação contratual de trabalho ou no caso de a invenção resultar de acordos específicos de investigação científica e de desenvolvimento da ciência, tecnologia e inovação em que o UNMSM esteja envolvido (2018, p. 10).

Em virtude do exposto, a Universidade, perante o Indecopi, apresentou o pedido para proceder ao registo e posterior obtenção da patente correspondente (Ver ANEXO N.º 3); o referido pedido de patente foi admitido para processamento, de forma satisfatória e, inclusive, tivemos a oportunidade de participar no XVII concurso nacional de invenções e desenhos industriais, organizado pelo mesmo Indecopi (ver ANEXO N.º 4). Depois de ter passado as diferentes fases de avaliação e qualificação de acordo com as regras estabelecidas pela Organização Mundial da Propriedade Intelectual (OMPI), o Indecopi concedeu-nos a patente em 05 de novembro de 2020.

Com base nas conquistas e realizações obtidas no campo administrativo-jurídico e com os resultados obtidos no aspeto tecnológico, estamos em condições de afirmar que a hipótese que norteia a presente investigação foi confirmada; e, além disso, a confirmação da hipótese é apoiada por um facto factual, o que, por si só, significa uma conquista, tanto a nível administrativo, como técnico, tecnológico e científico, referimo-nos à obtenção de uma patente para a Universidad Nacional Mayor de San Marcos, como resultado de uma investigação de tese (ver APÊNDICE N° 7).

Ora, visto a partir de uma abordagem filosófica, todo este trabalho de investigação permite-nos demonstrar o papel que a filosofia desempenha e/ou deve desempenhar face aos desafios que a humanidade enfrenta atualmente. De facto, na nossa perspetiva, estamos convictos de que - tal como o fez no passado - a filosofia pode contribuir para a solução dos problemas globais, tendo como meio de apoio as várias formas de conhecimento que, no seu conjunto, fazem parte do património intelectual da humanidade.

Por último, pensamos que vale a pena sublinhar que uma investigação de carácter científico-experimental como a que é descrita no presente relatório de tese é, de certa forma, uma continuação da tarefa científica iniciada pelo filósofo grego Tales de Mileto; aliás, pensamos que vale a pena sublinhar que uma investigação de carácter científico-experimental como a que é descrita no presente relatório de tese é, de certa forma, uma continuação da tarefa científica iniciada pelo filósofo grego Tales de Mileto,

O que faz com que o nome deste filósofo seja hoje mais frequentemente recordado é o facto de ser considerado o primeiro a falar de magnetismo e de eletricidade. De facto, ele sabia que o âmbar tem a propriedade de atrair corpos leves depois de esfregado e que uma pedra magnética atrai o ferro (Garcia, 1957, p. 14).

1.6 Hipótese de investigação

1.6.1 Estrutura gramatical da hipótese

A experiência da queda livre dos corpos é suscetível de mudar de objetivo.

1.6.2 Estrutura lógica da hipótese

Se um sistema eletromecânico inclui a lei da queda livre dos corpos como uma constante no seu funcionamento, então **a experiência da queda livre dos corpos alterou o seu objetivo**.

A expressão da hipótese através da linguagem formal da lógica indica que estamos perante uma proposição molecular condicional. De facto, tratando-se de uma expressão que faz parte da função informativa da linguagem, o enunciado é uma proposição e, portanto, suscetível de ser classificada como verdadeira ou falsa. E, como se trata de uma proposição de tipo molecular, e pelo seu tipo de operador é uma condicional, temos um antecedente e um consequente, como se especifica de seguida:

JUSTIFICATIVA: No seu funcionamento, um sistema eletromecânico inclui a lei da queda livre dos corpos como uma constante.

CONSEQUÊNCIA: **a experiência da queda livre dos corpos mudou de objetivo**.

1.6.2 Estrutura lógico-formal da hipótese

A estrutura da hipótese expressa por meio de uma proposição, quando traduzida para a linguagem lógica, é expressa como:

No seu funcionamento, um sistema eletromecânico inclui como constante a lei da queda livre dos corpos: P.

O objetivo da experiência sobre a queda livre dos corpos mudou: **Q.**

Assim, a hipótese tem a seguinte estrutura lógico-formal:

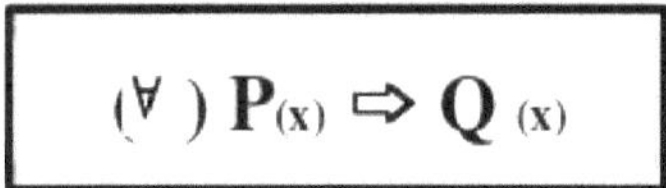

$$(\forall)\ P_{(x)} \Rightarrow Q_{(x)}$$

A fórmula obedece à estrutura de uma proposição lógica de tipo molecular; tal expressão algébrica, em linguagem gramatical, é parafraseada cото da seguinte forma: "para qualquer objeto ***x***, se ***x*** tem a propriedade **P**, então ***x*** tem a propriedade Q" (Piscoya, 2007, p. 266).

CAPÍTULO II

A TECNOLOGIA COMO APLICAÇÃO DA CIÊNCIA

2.1 A complementaridade entre tecnologia, ciência e tecnologia

A lógica e a matemática, enquanto ciências formais, não podem ser utilizadas diretamente pelos membros das sociedades humanas, ou, por outras palavras, não proporcionam benefícios práticos diretamente aos grupos sociais. Muitas vezes, o benefício das ciências formais é obtido indiretamente, sendo a entidade mediadora, neste caso, a tecnologia. Assim, para muitos epistemólogos, a tecnologia é descrita como o resultado da aplicação da ciência. [3]Este critério de qualificação não é recente, pelo que, se recorrermos a uma breve referência histórica, verificamos que o inventor italiano Leonardo da Vinci, ao referir-se à complementaridade entre a mecânica e a matemática, afirmou metaforicamente que "a mecânica é o paraíso das ciências matemáticas, porque é graças à mecânica que colhemos os frutos" (Thuiller, 1988, citado por Guevara, 2017, p. 39).

Tanto a ciência como a tecnologia - enquanto frutos da criatividade humana - procuram responder a questões específicas. Assim, perante problemas decorrentes das várias lacunas do conhecimento, a ciência procura muitas vezes responder a questões como: "Porquê? Por exemplo, uma questão científica seria: "Porque é que um material tem um determinado limite de resistência quando sujeito a uma força externa"; enquanto a tecnologia procura explicar o "como", por exemplo: "Como fazer com que uma bateria de uma determinada marca e modelo tenha um desempenho mais eficiente?

A ciência, quando confrontada com problemas científicos não resolvidos, por vezes encontra as suas respostas por si própria, outras vezes recorre a processos experimentais, pelo que, nestes casos, se apoia na técnica e na tecnologia; a tecnologia, por seu lado, em certos casos também encontra as suas respostas por si própria, outras vezes tem de se apoiar na ciência - por exemplo, em cálculos matemáticos -, ou ainda, por vezes, apoia-se na tecnologia. Um caso em que a tecnologia se apoia na ciência é, por exemplo, quando o tecnólogo procura tornar um certo tipo de máquina mais eficiente, ele irá - para atingir o seu objetivo - apoiar-se no cálculo, para o qual trabalha com dados matemáticos a fim de obter dados matemáticos através dos quais pode comunicar os seus resultados.

No caso das tecnologias digitais, o tecnólogo apoiar-se-á na lógica digital, por exemplo; é por isso que concordamos com o ponto de vista do autor da definição seguinte:

> A inovação tecnológica é um resultado direto da aplicação do conhecimento científico. Por conseguinte, uma política destinada a promover a inovação e o desenvolvimento tecnológico de um país deve começar por promover o desenvolvimento científico, porque, uma vez que dispomos de um elevado nível de conhecimento científico, podemos aplicá-lo ao desenvolvimento de inovações tecnológicas, que, por sua vez, permitirão que as indústrias se tornem mais competitivas e, consequentemente, melhorem a economia do país, o bem-estar social, etc. (Quintanilla, 2005, pp. 89-90).

A fonte que acabámos de citar dá-nos a entender que a ciência não se caracteriza apenas pelo desejo de conhecer a natureza, mas também pela vontade de a

---

[3] Língua original da fonte: la mecanique, est le paradise des sciences mathematiques, car c'est grace a elle qu'on en recueille les fruits

dominar, para o que, em muitos casos, é necessário o recurso a meios tecnológicos; Num número semelhante de casos, a aplicação da ciência permite o surgimento de meios tecnológicos destinados a resolver não só problemas puramente científicos, mas também sociais; por outras palavras, "a tecnologia não pode surgir sem a ciência, uma vez que não é senão a ciência aplicada a fins práticos" (Bunge, 2012, p. 52). 52); para citar alguns exemplos da história contemporânea: a eletricidade, a máquina a vapor, a medicina de base científica e muitas outras descobertas e inovações contribuíram para uma melhoria considerável das condições de vida dos seres humanos, o que contribuiu grandemente para o prestígio da ciência (Echeverria, 1999, pp. 250-251).

É de salientar que, atualmente, "a invenção técnica foi quase inteiramente substituída pela investigação tecnológica, que utiliza os resultados e os métodos da ciência para fins utilitários" (Bunge, 2012, p. 73); na mesma linha de pensamento, no que respeita à utilidade prática dos produtos tecnológicos, Piscoya considera que

> Um aspeto que não pode ser ignorado quando se aborda a questão da tecnologia é o das suas ligações sociais. Em princípio, o facto de a investigação tecnológica aumentar a nossa informação, principalmente num certo sentido, satisfaz diretamente a necessidade de domínio do natural e do social. Como já foi indicado acima, o resultado deste tipo de investigação ensina-nos a fazer algo de forma eficiente e em condições óptimas. Esta é a razão pela qual a influência da tecnologia na vida social, na experiência imediata, é enorme, a tal ponto que podemos afirmar que o mundo contemporâneo é essencialmente um produto da ciência teórica através de materializações tecnológicas (1999, p. 173).

A este respeito, concordamos com o filósofo Piscoya, e concordamos também que, tal como "a filosofia não satisfaz diretamente nenhuma necessidade material, embora possa contribuir indiretamente para ela" (Piscoya, 1999, p. 173), da mesma forma - como já referimos anteriormente - a ciência, no sentido estrito da palavra, não pode contribuir diretamente para o bem-estar das sociedades. 173), da mesma forma que - como já referimos - a ciência, no sentido estrito da palavra, não pode contribuir diretamente para o bem-estar das sociedades; mas, se aceitarmos que a tecnologia é uma aplicação da ciência, então concluímos que as ciências formais contribuem para o bem-estar social, tendo a tecnologia como entidade material intermediária; assim, a tecnologia é o resultado da aplicação da ciência, e, naturalmente, o bem-estar social é o resultado da aplicação da tecnologia na realidade social (na maioria dos casos, nas sociedades actuais).

Há que ter em conta que, atualmente, a maior ou menor produção e utilização de tecnologia - mesmo - é um indicador macroeconómico, de tal forma que:

> As diferenças mais imediatas entre os países desenvolvidos e os subdesenvolvidos são as que se referem à maior ou menor utilização das tecnologias, orientadas para uma maior produção e um maior bem-estar das sociedades que as criam (Piscoya, 1999, p. 173).

2.2 A linguagem da tecnologia

Em geral, o conhecimento humano é transmitido através da linguagem, ou seja, a linguagem é o meio através do qual a informação é transmitida entre indivíduos ou entre sociedades. É de notar que a linguagem humana é complexa e depende muitas vezes do código e do canal utilizados para estabelecer um determinado tipo de comunicação.

A linguagem humana é complexa, porque a realidade em que cada indivíduo humano cumpre o seu ciclo de vida é complexa e, estando incluída nessa realidade,

a linguagem humana, a complexidade está lá. Como forma de lidar com essa complexidade, o ser humano segmentou a linguagem humana geral, atribuindo certas caraterísticas peculiares a cada um desses segmentos linguísticos. Assim, temos a linguagem geral, entendida em sentido lato, e as linguagens especializadas ou artificiais, que correspondem apenas a determinados segmentos da realidade; o ser humano elaborou esta segmentação por necessidade, uma vez que nem todos nós conseguimos codificar e descodificar todos os tipos de linguagens artificiais.
Assim, por exemplo, um engenheiro químico não conseguirá explicar uma reação química utilizando as notas musicais; um compositor musical não conseguirá escrever uma partitura utilizando os símbolos dos elementos químicos contidos na tabela periódica. Cada sector da realidade tem as suas caraterísticas particulares e, por isso, cada linguagem artificial tem também as suas caraterísticas próprias.
Como entidade imersa nesta realidade complexa, a tecnologia encontra-se; portanto, não é mais do que outro segmento da realidade; daí deduzirmos que a este tipo de realidade corresponde uma linguagem com caraterísticas próprias e peculiares: a linguagem da tecnologia.
De um ponto de vista epistemológico, a linguagem da tecnologia é caracterizada como prescritiva, em vez de descritiva; ou seja, a tecnologia está fundamentalmente preocupada com a solução eficiente de problemas práticos decorrentes de necessidades sociais. A satisfação dessas necessidades constitui o objetivo que dá sentido e direção à prescrição tecnológica que recomenda um curso de ação em virtude do benefício que produz (Piscoya, 1999, p. 170).

2.2.1 Linguagem formal da tecnologia

Para explicar este ponto, começamos por recorrer a um exemplo cujo enunciado segue as regras formais da lógica. A estrutura lógica da seguinte lei científica: "se um gás for aquecido, torna-se líquido" é (ao nível proposicional) se ***A então B***, que pode ser simbolizada por A B. Por outro lado, a forma do enunciado nomopragmático correspondente é **B *por* A**, que se lê 'B por meio de Ao', 'para obter B use meios A'. O consequente da lei tornou-se o antecedente da regra; ou seja, o antecedente lógico é agora o meio, e o consequente lógico é agora o fim da regra relacionado com o meio. O valor da afirmação A B depende apenas dos valores de verdade das proposições atómicas que a compõem: **A** e **B**: é uma função de verdade ou construção extensional. Por outro lado, **B *por* A** não é nem verdadeiro nem falso, mas eficaz ou ineficaz (Bunge, 2012, p. 64).

O contraste entre leis e regras pode ser revelado recordando a tabela de valores da condicional **A B** e introduzindo aquilo a que chamaremos a tabela de eficácia da regra **B *por* A.** Utilizaremos o sinal "1" para designar a verdade e o sinal "0" para designar a falsidade; os mesmos sinais servirão para representar a eficácia e a ineficácia, respetivamente; e o ponto de interrogação designará a nossa incerteza quanto à eficácia da regra (Bunge, 2012, p. 65).

Como podemos ver, no caso da tabela aritmética, operamos com 1 e 0 (código binário); por outro lado, no caso da tabela de eficiência, ao código binário é acrescentado um sinal gramatical (o ponto de interrogação: "?"), como mostra a tabela seguinte:

Tabela n.º 1: *Tabela aritmética vs. tabela de eficiência.*

TABELA ARITMÉTICA DA LEI **A B**	QUADRO DE EFICÁCIA DA REGRA **B *por A***

A	B	**A B**	A	B	***B para A***
1	1	1	1	1	1
1	0	0	1	0	0
0	1	1	0	1	?
0	0	1	0	0	?
Linguagem formal da lógica			Linguagem formal da tecnologia		

Fonte*: Bunge, 2012, p. 65*

Relativamente ao quadro que acabámos de apresentar:

Note-se que a condicional **A B** só é falsa quando o antecedente é verdadeiro e o consequente é falso. Por outro lado, o único caso em que **B *por A*** é certamente eficaz é quando tanto o meio **A** como o fim **B** estão presentes. Se não pusermos em prática os meios prescritos e o fim não for alcançado, ou se o fim for alcançado sem utilizar a regra, não podemos saber se a regra é eficaz ou não; só se o fim estiver ausente é que sabemos que a regra é ineficaz (Bunge, 2012, p. 65).

Após analisarmos a explicação fornecida pela citação anterior, observamos que a linguagem da tecnologia é constituída por regras de ação que, segundo a proposta do filósofo argentino Mario Bunge, têm a estrutura **"A para B", ou** seja, **"B por meio de A"** ou **"para obter B, A deve ser feito".** Este esquema reflecte o sentido instrumental da regra tecnológica (**A** é um instrumento, um meio, para atingir **B**, que é o fim) (Piscoya, 1999, p. 170).

De acordo com a estrutura do esquema proposto por Mario Bunge, o sistema tecnológico que inventámos, no qual se aplica a lei da queda livre, explica-se da seguinte forma

A: é um instrumento: a invenção, ou seja, a inovação tecnológica.

B: é o objetivo: a produção de eletricidade.

No entanto, notamos que existe uma certa incompletude neste esquema nomopragmático, uma vez que este esquema não inclui as circunstâncias sociais em que se pode gerar uma necessidade que exige uma solução através da invenção de certos dispositivos tecnológicos, pelo que partilhamos o ponto de vista do autor da seguinte citação, que em referência ao esquema proposto por Bunge refere

Mas é insuficiente para explicar o seu significado normativo prescritivo. Não devemos omitir as circunstâncias iniciais para compreender o conteúdo prescrito em situações particulares. Propusemos como esquema geral de regras tecnológicas: "Em X circunstâncias Y deve ser feito para **Z"** (Piscoya, 1999, p. 170).

O esquema geral da regra tecnológica, que acabámos de citar, é sem dúvida mais completo do que o esquema proposto por Bunge, uma vez que na sua estrutura inclui um indicador adicional, e não menos importante: as circunstâncias ou contexto que condicionam o desenvolvimento de um determinado tipo de tecnologia que permite obter o produto final ou benefício proveniente da elaboração dessa tecnologia. Portanto, no esquema proposto pelo epistemólogo Luis Piscoya, a nossa invenção, objeto de descrição na presente investigação de tese, será explicada como:

Em circunstâncias X: ausência de eletricidade; utilização de fontes de energia não renováveis, etc.

A produzir Y: Uma invenção que transforma a energia potencial gravitacional da água em energia eléctrica.

Para atingir Z: Fornecimento de eletricidade, utilização de fontes de energia renováveis, redução do efeito de estufa.

Como se pode ver, se o critério referente **às circunstâncias iniciais** for incluído no esquema, a explicação da regra tecnológica é muito mais completa e clara e, portanto, apresenta um suporte epistémico mais claro e completo.

Assim, em síntese, podemos afirmar que a regra tecnológica nos ensina a fazer algo de forma eficiente e em condições óptimas; esta é a razão pela qual a influência da tecnologia na vida social, na experiência imediata, é enorme, a tal ponto que podemos afirmar que o mundo contemporâneo é essencialmente um produto da ciência teórica através de materializações tecnológicas (Piscoya, 1999, p. 173).

2.3 A lei da queda livre dos corpos aplicada à tecnologia das centrais hidroeléctricas

Sem dúvida, um dos casos patéticos em que podemos observar a aplicação da lei da queda livre dos corpos é na geração de energia elétrica a partir do aproveitamento da energia potencial gravitacional da água. Neste caso, a tecnologia utilizada comporta-se como a entidade que permite a transformação da força da gravidade terrestre num serviço de utilidade indispensável para a sociedade: a energia eléctrica.

No Peru existem várias instalações deste tipo de tecnologia, facto que confirma que a orografia peruana oferece certas caraterísticas adequadas nas quais o conhecimento científico e tecnológico pode ser aplicado para obter produtos que desempenham um papel preponderante no progresso das sociedades actuais.

Para exemplificar um caso tecnológico em que se aplica a lei da queda livre dos corpos, segue-se uma breve descrição dos aspectos tecnológicos e científicos de uma central hidroelétrica.

2.3.1 Aspectos tecnológicos básicos das centrais hidroeléctricas

Como já referimos anteriormente, atualmente, existem muitos tipos de tecnologias em que se aplica a lei da queda livre dos corpos; do mesmo modo, também já referimos anteriormente que a tecnologia é uma aplicação da ciência. Neste ponto, e a título de exemplo ilustrativo, apresentamos os componentes básicos da tecnologia relacionada com as centrais hidroeléctricas, nomeadamente as que utilizam turbinas Pelton.

É importante salientar que o funcionamento deste tipo de tecnologia requer cálculos matemáticos que incluem a força da gravidade terrestre como constante e que faz parte da fórmula que explica o funcionamento de uma central hidroelétrica.

Figura n.º 1: *Componentes básicos de uma central hidroelétrica.*

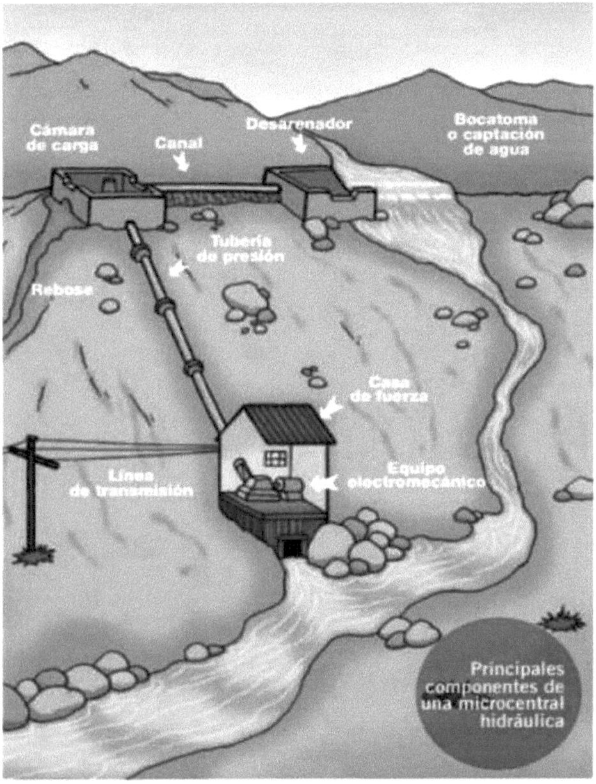

Fonte: *Soluções práticas.*

A partir desta figura podemos inferir que os componentes básicos de uma central hidroelétrica, no que diz respeito à tecnologia e à técnica, são os seguintes

Ingestão ou ingestão de água

Desander

Canal

Câmara de carga

Transbordamento

Tubo de pressão

Central eléctrica

Equipamentos electromecânicos

Linhas de transmissão

Em resumo, uma central hidroelétrica é composta por: obras civis, equipamento eletromecânico e redes de transporte e distribuição.

Foto N° 7: *Central hidroelétrica instalada.*

Fonte: *Soluções práticas.*

2.3.2 Aspectos científicos

[4]No que diz respeito à complementaridade entre a prática e a ciência, é necessário tomar as palavras de Leonardo Da Vinci que, no seu tempo, afirmou que "aqueles que se dedicam à prática, sem ter em conta a ciência, são coто marinheiros que entram num navio sem leme e sem bússola, e que, portanto, nunca sabem para onde vão" (Thuiller, citado por Guevara, 2017); a este respeito, um argumento razoável sobre a complementaridade adequada entre a prática e a ciência encontra-se em

O método criado por Galileu, o método experimental, consiste num processo que, como se vê, combina um carácter matemático e racionalista com um carácter empírico. Através dele, o objetivo é fazer corresponder os números aos fenómenos; é, numa palavra, tornar todos os fenómenos mensuráveis. Só aquilo que pode ser medido possui as caraterísticas de um trabalho plenamente

[4] Língua original da fonte: ceux que s'adonnent a la pratique sans la science sont comme des marins qui s'embarquent sans gouvernail et sans boussole, et qui ne saventjamais ou vont.

científico, pois combina o matemático com o empírico, a dedução com a indução (Galileu, 1984, p.17).

Sendo a massa de água um corpo que está sujeito à força gravítica da Terra, e sendo a água também um corpo que, quando se deixa cair, se verifica o fenómeno da queda dos corpos, então a ele corresponde a respectiva concetualização em linguagem matemática; e se essa concetualização matemática for obtida após a água - ao descer - passar pelas diferentes componentes tecnológicas de uma central hidroelétrica, esse fenómeno terá a respectiva expressão matemática. A concetualização matemática que descreve o fenómeno artificial que ocorre desde que a água entra nos diferentes acessórios que compõem a tecnologia hidráulica até que o líquido é descarregado, tem uma forma algébrica. A partir do momento em que o caudal de água ativa os acessórios electromecânicos, produz uma força designada por potência (P); esta potência tem a respectiva expressão algébrica que, na sua estrutura, contém as respectivas variáveis e constantes, conforme se detalha a seguir:

A potência que pode ser obtida a partir do recurso hídrico é estimada através da seguinte equação:

$P = pgQH$

Onde:

[323]*"p"* é a densidade da água e, para efeitos de cálculo, é considerada como 1000 kg/m , *"g"* representa a aceleração da gravidade com um valor de 9,8 m/s , *"Q"* representa o caudal de água em m /s que é desviado para as turbinas e *"H"* é a altura ou distância medida entre o topo e a base de uma cascata, esta distância é também conhecida como altura bruta e é expressa em metros (Blanco, 2012, p. 36).

A expressão algébrica que explica o funcionamento do sistema tecnológico de uma central hidroelétrica é a base científica deste sistema. É evidente que a expressão algébrica inclui na sua estrutura - entre as variáveis e constantes - a aceleração da gravidade (*g*).

2.4 A física como ciência que explica o fenómeno da queda livre dos corpos.

A física é uma ciência que se encarrega de explicar alguns dos fenómenos que ocorrem na natureza; fá-lo apoiando-se em algumas ciências que fazem parte da física geral, tais como: mecânica, hidrostática, hidrodinâmica, mecânica quântica, etc.

Em geral, a física como ciência é a ciência natural que estuda a matéria, as propriedades gerais que - em primeira instância - podem ser percebidas pelos sentidos da entidade que estuda: o ser humano. Um investigador da natureza, na perspetiva da física, fá-lo com base em dados sensoriais fornecidos direta e naturalmente pelos seus sentidos (os sentidos da visão, da audição, do olfato e do tato). No entanto, quando os sentidos atingem um limite, o investigador recorre a meios artificiais fornecidos pela tecnologia, como o telescópio, o microscópio, etc.; só assim, apoiando-se em meios exógenos à sua corporeidade, chega a conhecer fenómenos e propriedades da natureza; porque os meios tecnológicos lhe permitem prolongar a sua capacidade de perceção sensorial.

Na nossa investigação, utilizamos a ciência da física para explicar sobretudo os fenómenos mecânicos, em particular os relacionados com a ação à distância, ou seja, o efeito da força gravitacional da Terra sobre os corpos situados à superfície do nosso planeta ou perto dela; por conseguinte, baseamo-nos principalmente nos princípios da mecânica.

De facto, enquanto ramo da física geral, a mecânica clássica explica o movimento da matéria, neste caso através de um ramo da mecânica: a dinâmica; ao mesmo tempo, a mecânica explica também a matéria na ausência de movimento: a estática. Agora, os fenómenos Hsicos artificiais que se realizam no funcionamento do mecanismo inventado serão explicados com base nos princípios da chamada mecânica clássica, especialmente os princípios relacionados com o fenómeno da queda livre dos corpos, na perspetiva Galileana.

CAPÍTULO III

ALGUMAS BASES TEÓRICAS GALILEANAS

3.1 Queda livre dos corpos

A preocupação científica de Galileu foi motivada pela necessidade de encontrar a verdade de um fenómeno físico, mais precisamente, o cientista italiano procurou a verdade sobre o fenómeno da queda dos corpos. De facto, a explicação de um fenómeno físico como a queda livre dos corpos foi um dos mais importantes desafios científicos que Galileu enfrentou. A dificuldade era enorme. Lembremos que hoje, para estudar adequadamente este tipo de movimento, é necessário recorrer a tecnologias, como a fotografia instantânea, que não existiam no seu tempo. Os objectos caem demasiado depressa e são necessários instrumentos de precisão para os estudar corretamente. Galileu ultrapassou esta dificuldade de uma forma muito elegante: estudou este movimento utilizando o plano inclinado, que era uma forma de "contornar a gravidade" e obter uma experiência equivalente que podia ser estudada. Um plano cuja inclinação se torna cada vez maior, no limite terá uma direção vertical (Cork, 2012, p; 111).

> Galileu utilizou um método de medição do tempo baseado num relógio de água. Marcou a posição do mostrador no plano inclinado em intervalos de tempo iguais. A partir dessas marcas, Galileu apercebeu-se de que as distâncias percorridas durante os intervalos de tempo mantinham uma proporção ímpar: 1, 3, 5, 7. Uma vez que as proporções se mantinham com planos mais inclinados, este mesmo efeito tinha de ocorrer em queda livre. O tempo necessário para percorrer cada unidade de espaço é de 1, 3, 5, 7..., o que significa que é necessária uma unidade de tempo para percorrer a primeira secção; no final da segunda secção, foi necessário um total de 1+3 = 4 unidades de tempo (Corcho, 2012, p. 111).

Esta fonte descreve uma das contribuições científicas que explicam a queda livre dos corpos devido à força de atração da Terra; sobre o tema em questão:

> Um dos casos mais conhecidos de aceleração constante deve-se à gravidade perto da superfície da Terra. Quando um objeto cai, a sua velocidade inicial é zero (no instante em que é libertado), mas algum tempo depois, durante a queda, tem uma velocidade diferente de zero. Há uma alteração da velocidade e, por definição, uma aceleração. ^{2}A aceleração da gravidade (g) tem um valor aproximado de 9,80 m/s . Diz-se que os objectos que se movem apenas sob a influência da gravidade estão em queda livre. A aceleração da gravidade g é a aceleração constante para todos os objectos em queda livre, independentemente da sua massa e do seu peso (Astorga, 2010, p.43).

Alguns dos extractos que dão suporte teórico e científico à nossa investigação de tese são retirados dos *Diálogos sobre Duas Novas Ciências* de Galileu, como o citado abaixo:

> Portanto, quando observo que uma pedra que desce do alto, partindo do repouso, adquire novos incrementos de velocidade, por que não hei-de acreditar que tais incrementos ocorrem na proporção mais simples e mais óbvia? Ora, se observarmos, não encontraremos nenhum aumento ou acréscimo mais simples do que aquele que aumenta sempre da mesma maneira. [5]O que facilmente compreenderemos se considerarmos a estreita relação entre tempo e movimento (Galileu, 1980, p.79)

O mesmo autor, noutra secção da sua obra, refere: Chamamos movimento

---

[5] Língua original da fonte: Quando, dunque, osservo che una pietra, che discende dall'alto a partire dalla quiete, acquista via nuovi incrementi di velocita, perche non dovrei credere che tali aumenti avvengano secondo la piu semplice e piu ovvia proporzione? Ora, se reflectirmos bem, não encontraremos nenhum aumento ou crescimento mais simples do que aquele que aumenta sempre da mesma maneira. O que podemos facilmente compreender, considerando a estreita ligação entre o tempo e a mota.

uniformemente acelerado àquele que, partindo do repouso, adquire incrementos iguais de velocidade durante tempos iguais (Galilei, 1945, p. 216).

TEOREMA II - PROPOSIÇÃO II

Se um móvel com movimento uniformemente acelerado desce do repouso, os espaços percorridos por ele em quaisquer tempos são a razão quadrática dos mesmos tempos, isto é, os quadrados desses tempos (Galileu, 1945, p. 225); em suma, temos que:

> Galileu estabeleceu experimentalmente as leis da queda dos corpos, que estão em todos os pontos em oposição à crença peripatética. Introduziu assim o conceito absolutamente novo de "aceleração". [2]Demonstrou que a velocidade de queda dos corpos é a mesma para todos, qualquer que seja o seu peso; que não é proporcional ao espaço percorrido mas ao tempo empregue ($v = gt$); e estabeleceu a lei segundo a qual os espaços percorridos pelo corpo em queda são proporcionais aos quadrados dos tempos durante os quais foram percorridos ($s = 7 gt$). Demonstrou que o ar não aumenta a velocidade da queda, mas, pelo contrário, a diminui, e que o movimento da queda no vazio não seria, portanto, naturalmente uniforme, mas naturalmente acelerado (Garcia, 1957, p. 144).

3.2 O método científico-experimental de Galileu Galilei

De acordo com muitos historiadores, epistemólogos e cientistas, Galileu foi quem iniciou a experimentação na ciência, uma vez que tinha a capacidade de manipular as variáveis no seu processo de experimentação; e os resultados desta investigação apresentava-os expressos em linguagem matemática; ou seja, a matematização entendida como uma definição operacional. Na introdução da edição em língua espanhola da obra *O Ensaiador de* Galileu, é referido que

> O método criado por Galileu, o método experimental, consiste num processo que, como se vê, combina um carácter matemático e racionalista com um carácter empírico. Através dele, o objetivo é fazer corresponder os números aos fenómenos; é, numa palavra, tornar todos os fenómenos mensuráveis. Só aquilo que pode ser medido possui as caraterísticas de um trabalho plenamente científico, pois combina o matemático com o empírico, a dedução com a indução (Galileu, 1984, p. 16).

Isto significa que, se procuramos a verdade dos fenómenos naturais, as perguntas que fazemos à natureza e as respostas que obtemos a essas perguntas devem ser expressas em linguagem matemática, como o próprio Galileu Galilei afirmou em 1623:

> A filosofia está escrita nesse grande livro que está aberto diante dos nossos olhos, ou seja, o universo, mas não pode ser compreendida se não se aprender primeiro a compreender a linguagem, a conhecer os caracteres em que está escrita. Está escrita em linguagem matemática e os seus caracteres são triângulos, círculos e outras figuras geométricas, sem os quais é impossível compreender uma palavra; sem eles, é como girar em vão num labirinto escuro (1984, p. 61).

Desta forma, o cientista italiano sublinhou a importância da matemática para conhecer a verdade dos fenómenos naturais e, ao mesmo tempo, deixou claro que a matemática é uma propriedade inerente à natureza; ou seja, as propriedades matemáticas são uma qualidade intrínseca dos fenómenos naturais; por isso, se quisermos "comunicar" com a natureza, para recebermos informações exactas e verdadeiras, é necessário aprender esta linguagem não falada do universo: a matemática, que, em si mesma, é um tipo de linguagem que a natureza apenas "escreveu", mas que é suficiente para conhecermos a verdade dos fenómenos. Juntamente com esta contribuição galileana, de carácter racional, existe a faceta experimental, ou seja:

> Há as suas descobertas concretas e há o que se poderia chamar 'o milagre de Galileu': o facto de ter criado, com estes materiais ainda inadequados e imperfeitos, um sistema novo e abrangente, com um

novo método de raciocínio e de experimentação, sistema e método que se prolongam e subsistem na nossa ciência moderna (Garcia, 1957, p. 143).

Por isso, podemos afirmar, como tantos outros investigadores, que a ciência natural moderna nasceu com o cientista Galileu Galilei, que:

Não se contenta com a observação pura (teoricamente neutra) ou com conjecturas arbitrárias. Galileu propõe hipóteses e submete-as a testes experimentais. Fundou assim a dinâmica moderna, a primeira fase da ciência moderna. Galileu interessa-se vivamente por problemas metodológicos, gnoseológicos e ontológicos: é um cientista e um filósofo e, além disso, um engenheiro e um artista da linguagem (Bunge, 1976, p. 30).

CAPÍTULO IV

TRANSFORMAÇÃO DA FORÇA GRAVITACIONAL DA TERRA EM ENERGIA ELÉCTRICA ATRAVÉS DE UM SISTEMA DE CONTENTORES

4.1 Aplicação prática da lei da queda livre dos corpos num sistema eletromecânico

De acordo com o princípio científico da lei da conservação da energia ou a primeira lei da termodinâmica citada por Earls: "A energia não pode ser criada nem destruída" (2007, p.87), então, assim que o sistema mecânico inventado entra em funcionamento, a energia proveniente da força de atração da terra é transformada em energia eléctrica, principalmente graças a uma entidade mediadora mecânica. Esta entidade mediadora é o sistema de recipientes que foi inventado para obter energia eléctrica, tendo como fonte a energia potencial gravitacional da água contida nos recipientes que são acessórios que fazem parte do sistema eletromecânico em geral.

A fim de explicar os métodos e procedimentos que seguimos para realizar a aplicação prática da lei da queda livre dos corpos num sistema eletromecânico, vamos agora apresentar os detalhes básicos do processo experimental:

4.2 Objectivos da experiência

- Transformar a energia potencial gravitacional da água em energia eléctrica.
- Inventar um instrumento tecnológico para transformar a energia potencial gravitacional da água em energia eléctrica.

4.3 Hipótese da experiência

- É possível transformar a energia potencial gravitacional da água em energia eléctrica.
- Desde a invenção de um instrumento mecânico, é possível transformar a energia potencial gravitacional da água em energia eléctrica.

4.4 Variáveis, constantes e factores envolvidos na experiência

4.4.1 Variáveis independentes

Caudal

Altura

4.4.2 Variáveis dependentes

Potência mecânica

Energia eléctrica

Peso

Velocidade linear

Velocidade angular

4.5 Constantes

Força gravitacional da Terra

Densidade do ar

Pressão atmosférica

4.6 Factores de intervenção

Humidade do ar

Velocidade e direção do vento Temperatura ambiente

4.7 Breve descrição do sistema mecânico utilizado na experiência

Para realizar as várias etapas e processos experimentais, desenvolvemos um instrumento mecânico que, em certa medida, cumpre as funções de uma turbina hidráulica, na medida em que gera uma propulsão que é depois transmitida ao gerador; esta propulsão é gerada graças à energia potencial da água. Como veremos mais adiante (Figura n.º 2), o sistema mecânico acima mencionado não se assemelha a qualquer tipo de turbina convencional na sua forma, ou seja, não tem uma forma circular, mas tem a forma de uma correia fechada com duas roldanas nas extremidades, ou seja, é uma correia de transmissão que gera propulsão; é devido a esta propulsão que o sistema da embarcação se assemelha, em certa medida, a uma turbina hidráulica.

Figura n.º 2: *Esquema de base da invenção experimentada.*

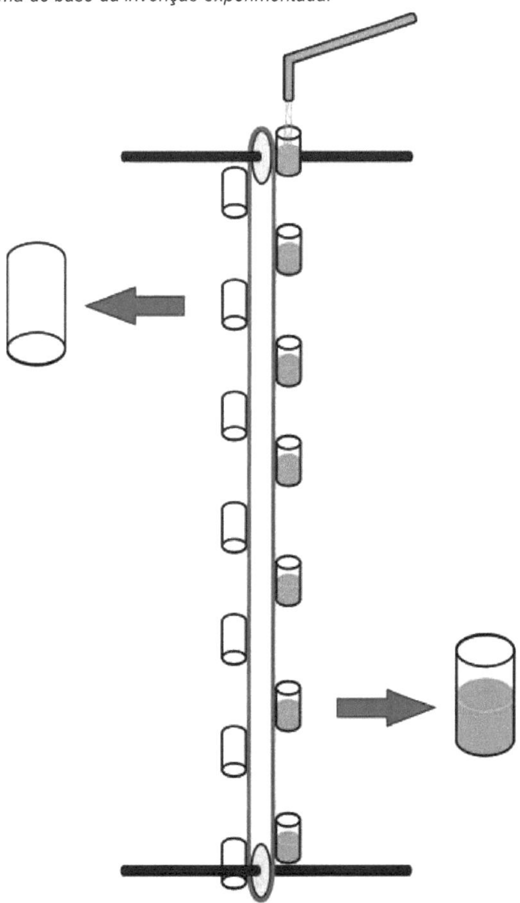

Fonte: *Elaboração própria.*

A forma da invenção mostrada na figura N° 2 foi concebida para fins didáticos, uma vez que na experiência utilizaremos 48 recipientes (nesta fase: copos) acoplados a uma correia fechada; como podemos ver na figura, os copos localizados à direita contêm água, então, devido ao seu peso e ao efeito da gravidade, geram a propulsão na correia, fazendo com que as duas polias girem imediatamente e, com isso, os outros acessórios do sistema eletromecânico, incluindo o gerador, comecem a funcionar.

Assim, na experiência, temos 24 recipientes vazios de um lado da correia e 24 recipientes cheios do outro, gerando assim movimentos lineares e circulares constantes observados na correia e nas duas roldanas sobre as quais a correia corre.

No que diz respeito à ligação entre os parâmetros científicos e tecnológicos, a correia é o acessório mecânico que transmite a força da gravidade ao gerador através de veios, polias e uma correia de transmissão mais pequena, como mostra a figura seguinte:

Foto N°8: *Acessórios electromecânicos utilizados na experiência.*

Fonte: *Elaboração própria.*

VALORES DAS VARIÁVEIS PERTENCENTES AO SISTEMA MECÂNICO NA EXPERIÊNCIA.

Altura (em metros)	**8,56**
Volume (L/min)	**10,757**

VALORES DAS VARIÁVEIS PERTENCENTES AO GERADOR NO EXPERIMENTAÇÃO.

Variáveis	De acordo com o fabricante	**Na experiência**
Volt DC	12	**11,56**
rpm	420	**450**

Vejamos alguns números sobre a medição das variáveis dependentes, Kpics do gerador:

Foto n.º 9: *Instrumentos de recolha de dados experimentais.*

Fonte: *Elaboração própria.*

Os dados fornecidos pelos instrumentos são:

Tensão AC	10,27
Tensão contínua	12,00
rpm	490

Foto N° 10: *Casa onde instalámos os diferentes acessórios electromecânicos necessários à realização das experiências.*

Fonte: *Elaboração própria.*

4.8 Conclusões da experiência

PRIMEIRO: Utilizando um tapete como meio de transmissão de energia potencial gravítica, com um caudal de 10, 757 L/min, a uma altura de 8,56m, conseguimos obter 11, 56 volts DC.

SEGUNDO: Através de um instrumento tecnológico inventado, é possível transformar a energia potencial gravitacional da água em energia eléctrica.

4.9 Patente de modelo de utilidade: "Sistema de embarcações para produção de eletricidade".

Como referimos em diferentes secções anteriores, a presente tese de investigação descreve e explica os métodos e processos que tornaram possível a aplicação da lei da queda livre dos corpos num sistema eletromecânico que, com um determinado caudal e a uma altura adequada, permitiu a geração de energia eléctrica.

4.9.1 Antecedentes da patente

Para obter uma lei científica que explicasse a queda livre dos corpos, Galileu utilizou, entre outros dispositivos mecânicos, o plano inclinado; no nosso caso, utilizámos basicamente um sistema de recipientes para obter energia eléctrica; No entanto, como toda a investigação, teve de passar por vários processos, incluindo processos experimentais, razão pela qual no início utilizámos um sistema mecânico que, embora não cumprisse as caraterísticas técnicas e legais para ser patenteado (ver figura n.º 2); no entanto, este protótipo foi utilizado para realizar diferentes fases experimentais *in situ*, alguns dos quais já expusemos nos capítulos anteriores desta investigação.

FORÇA TÉCNICA DO PROTÓTIPO: Permitiu provar que é possível gerar energia eléctrica com alturas e caudais com os quais outras tecnologias não funcionam, nomeadamente as turbinas Pelton.

DEFICIÊNCIA TÉCNICA: Foi utilizada uma correia como meio mecânico para gerar a propulsão e sobre ela foi acoplada uma única coluna de contentores; por outro lado, no momento da ativação de todo o sistema eletromecânico, a água entrou em contacto com a correia e com as roldanas sobre as quais a correia circulava, pelo que a sua durabilidade foi curta, tendo também perdido tensão.

Deficiências técnico-administrativas: Ao procurar protótipos semelhantes com vista à patenteabilidade, os especialistas concluíram que não satisfazia o requisito de novidade (ver anexo n.º 8).

4.9.2 Patente: "Electric Power Generation Vessel System".

Com o objetivo de melhorar o protótipo que serviu para desenvolver os diferentes processos experimentais, foram introduzidas diversas melhorias técnicas que se revelaram significativas.

PONTOS FORTES TÉCNICOS DO PROTÓTIPO PATENTEADO: A inovação foi tal que o novo protótipo tinha mais do que uma coluna de contentores, ou seja, o novo protótipo tinha, pelo menos, duas colunas de contentores, como se mostra a seguir:

Figura n.º 3: *Esquema de base do sistema de recipientes.*

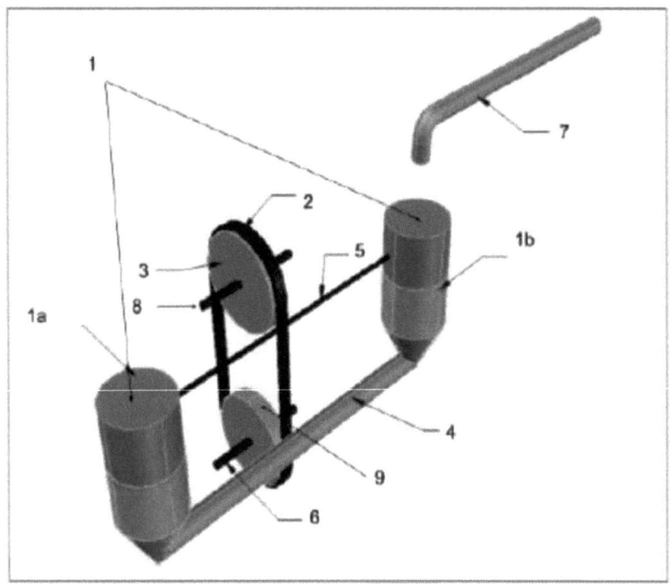

Fonte: *Indecopi.*

O facto de ter duas colunas de recipientes permite acumular mais água por unidade de tempo, aumentando significativamente a potência mecânica e, com ela, também a potência eléctrica.

-43É de salientar que o sistema mecânico referido na nossa invenção permite obter uma maior potência em relação às turbinas convencionais; ou seja, com o mesmo caudal e a mesma altura manométrica, o sistema eletromecânico que utiliza a corrente e os contentores permite obter uma maior potência mecânica e, com ela, uma maior potência eléctrica, uma vez que funciona com um caudal muito reduzido, cerca de 10 m /s, em relação às turbinas convencionais. [3]Note-se que as turbinas hidráulicas têm alguns limites técnicos, como, por exemplo, o volume necessário para um funcionamento eficiente; por exemplo, a turbina mais utilizada, a turbina Pelton, funciona com um caudal mínimo de 5 x 10-2 m /s.

Para maior eficiência e durabilidade dos acessórios mecânicos, descartamos o uso da correia para ser substituída por uma corrente de aço usada na tecnologia industrial, conforme mostrado na foto N° 11, na mesma foto você pode ver o modelo que exibimos no XVII Concurso Nacional de Invenções e Desenhos Industriais, organizado pela Indecopi, em novembro de 2018, em cujo evento nossa invenção foi exibida representando a Universidad Nacional Mayor de San Marcos.

Foto n.º 11: *Modelo que mostra as duas cadeias e as três colunas de contentores.*

Fonte: *Elaboração própria.*

Sem dúvida, a utilização de correntes permite uma maior resistência ao peso, bem como uma maior durabilidade do sistema mecânico, ao mesmo tempo que permite obter uma maior potência. Além disso, como podemos ver na imagem do modelo, a modificação apresenta outras vantagens para além das anteriores: é possível utilizar duas, três, quatro ou mais colunas de contentores, o que permite aumentar consideravelmente a potência mecânica.

Figura n.º 4: *Comparação gráfica.*

Fonte: *Indecopi.*

Outra vantagem que podemos destacar é o facto de o protótipo patenteado permitir que os recipientes se situem a uma distância estratégica da corrente, entrando a água apenas por um deles, a partir do qual é distribuída pelos outros recipientes através do princípio dos vasos comunicantes. A distância entre os recipientes e as correntes, neste caso, faz com que a água não entre em contacto nem com as roldanas nem com as correntes, o que favorece o processo de lubrificação e garante, assim, a durabilidade do sistema mecânico.

Deficiência científico-experimental: Embora tenhamos sido bem sucedidos no processo de patenteamento, é necessário esclarecer que ainda não realizámos processos experimentais *in situ* com o protótipo patenteado. Seguindo as normas sobre propriedade intelectual do UNMSM, e com objectivos científicos, esperamos que no menor tempo possível possamos realizar as diferentes etapas experimentais e depois a sua aplicação com o objetivo de alcançar o bem-estar social das populações situadas em locais onde existam as condições técnicas básicas para a aplicação desta tecnologia.

4.9.3 Obtenção de uma patente

Uma vez que apresentámos o documento técnico sobre o sistema mecânico inventado perante a instância correspondente do Indecopi, após uma avaliação exaustiva, os avaliadores concluíram que a invenção cumpre os requisitos técnico-administrativos, tais como a aprovação do exame de patenteabilidade e a aprovação do relatório de pesquisa (ver ANEXOS: 5 e 6). Um dos resultados da avaliação é a seguinte comparação gráfica:

Figura n.º 5: *Comparação gráfica.*

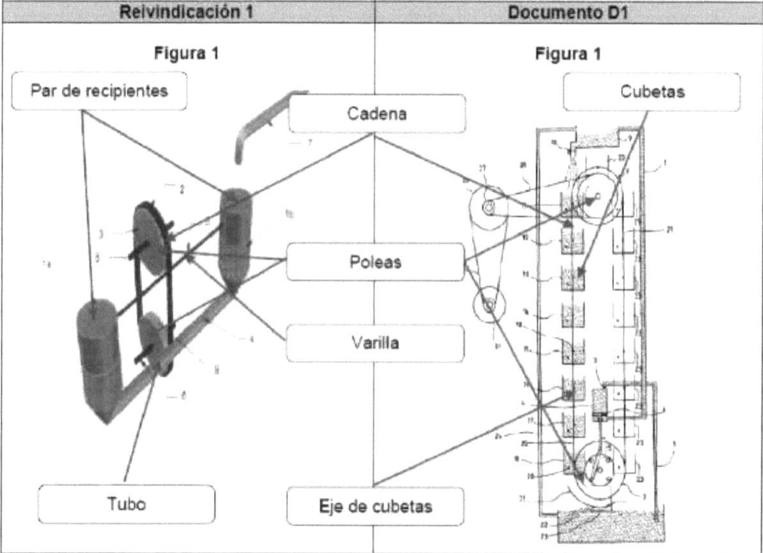

Fonte: *Indecopi.*

Após pouco mais de dois anos de procedimentos administrativos, o A Indecopi concedeu-nos a patente em 05-11-2020 (ver anexo n.º 7).

A informação técnica e científica desta invenção encontra-se detalhada no documento que foi redigido de acordo com as regras estabelecidas pelo Indecopi, que tem a denominação legal de *Documento Técnico*, este documento foi elaborado e apresentado perante o Indecopi, no âmbito do processo de registo da propriedade intelectual da inovação tecnológica em referência.

Para apresentar os detalhes técnicos e científicos da invenção, considerámos necessário anexar à presente tese de investigação o mesmo *Documento Técnico* que foi apresentado ao Indecopi (ver ANEXO N.º 1); por conseguinte, nesta secção limitamo-nos a apresentar um resumo, que também está contido no referido documento:

Sabe-se que a tecnologia que permite a produção de energia hidroelétrica é geralmente constituída por vários tipos de turbinas; no entanto, estas funcionam a determinadas alturas e com determinados caudais, ou seja, têm um Kmite. Para ultrapassar estas desvantagens, foram criadas outras formas de aproveitamento da energia potencial da água, entre as quais se destacam as máquinas que permitem o aproveitamento da energia potencial da água através da utilização de duas roldanas unidas entre si, quer por cabos, correias ou correntes sem fim, nos três casos, com baldes ou contentores ligados às correias, cabos ou correntes. O inconveniente é que o período de durabilidade dos acessórios mecânicos referidos é curto, sobretudo porque a água está em permanente contacto com esses elementos mecânicos, especialmente com as roldanas e as correias, cabos e correntes, consoante o caso. Perante esta situação, foi introduzida uma inovação tecnológica, que se refere à utilização de roldanas com uma corrente, na qual se encontra fixado pelo menos um par de contentores de cada lado da corrente, ou seja, um par carregado de água e outro vazio. Cada recipiente está localizado a uma distância do lado da corrente, de modo a que, quando a água é carregada e descarregada, não entre em contacto nem com as roldanas nem com a corrente, permitindo assim que a corrente e as roldanas sejam lubrificadas, o que significa que os acessórios em questão têm uma vida útil mais longa. No caso de caudais elevados, é possível acoplar uma segunda corrente, e com esta, é possível acoplar três recipientes, este facto permite acumular mais água por cada unidade de tempo e distância, o que implica o aumento da potência mecânica (UNMSM, 2018, p. 13).

CONCLUSÕES DA INVESTIGAÇÃO DA TESE

PRIMEIRA: Depois de ter efectuado uma análise teórica e experimental ligada ao fenómeno da atração terrestre, podemos afirmar que a experiência da queda livre dos corpos é suscetível de mudar de finalidade; o nosso estudo confirma que a teleologia desta experiência se bifurca, cada vez que um cientista, um tecnólogo ou um inventor encontra uma aplicação suplementar às já conhecidas.

SEGUNDO: Tendo em conta que fomos promotores de mais uma aplicação tecnológica da lei da queda dos corpos, colocamos a hipótese de existirem muitas outras aplicações tecnológicas e científicas que poderiam resolver certos problemas que afligem a sociedade; mas essas hipotéticas aplicações ainda não foram descobertas, pelo que não sabemos com certeza quais ou quantas são, nem quando serão descobertas e postas em prática.

TERCEIRO: A aplicação da lei da queda livre dos corpos, aplicação da qual temos sido gestores, ao longo do tempo, não é a única nem a última, mas é um exemplo patético da mudança de teleologia da experiência da queda livre dos corpos, ou seja, é mais uma bifurcação da teleologia tornada realidade num tempo e num espaço em que se enquadra esta investigação de tese; do mesmo modo, esta bifurcação constitui uma solução alternativa para um problema social.

QUARTO: A explicação do processo de geração de energia eléctrica, tendo como fonte a massa de água em queda, depende cientificamente da lei da queda livre descoberta por Galileu Galilei.

QUINTO: Galileu Galilei utilizou o plano inclinado para resolver um problema científico; por outro lado, no nosso caso, utilizamos uma corrente, roldanas e contentores para aplicar a lei da queda livre dos corpos para obter um benefício social.

SEXTO: A interação *Homo sapiens* sapiens - *força* gravitacional terrestre, sempre se processou a nível técnico, científico e tecnológico; quer para fazer face à força gravitacional terrestre, quer para dela tirar algum proveito.

SÉTIMO: O território peruano apresenta algumas condições orográficas em que podem ser instalados certos tipos de tecnologias hidráulicas para resolver determinados problemas sociais.

OITAVA: Galileu Galilei cumpriu o seu dever ao descobrir a lei da queda livre dos corpos; o nosso dever é descobrir as suas aplicações, tantas quanto possível.

REFERÊNCIAS BIBLIOGRÁFICAS

Astorga, M. (2010) *O modelo de plano inclinado de Galileu para o ensino da cinemática* (tese de mestrado) Centro de Investigacion en Materiales Avanzados, S.C. Juarez.

Blanco, E. (2012) *Estimation de la potencia electrica teorica disponible en Rio Copinula*, Jujutla, Ahuachapan. Obtido em 29 de janeiro de 2020, de:http://www.redicces.org.sv/jspui/bitstream/10972/1971/1/2-estimacion- de-la-potencia-electrica-teorica-disponible-en-rio-copinula-iuiutla- ahuachapan.pdf

Bunge, M. (1972) *La investigación científica*. Barcelona, Ariel

(1976) *Epistemologia*. Barcelona, Ariel.

(2012) *Filosofta de la tecnologia y otros ensayos*. Lima, Fondo editorial de la UIGV

(2001) ^Que es filosofar cientfficamente? Lima, Fondo editorial de la UIGV

COP25 (2019) *COP25 Chile - Madrid 2019*. Recuperado em 22 de janeiro de 2020, de https://noticiasibex35.com/energia/cop-25/

Corcho, R. (2012) *La naturaleza se escribe con formulas*. Navarra, EDITEC

Deza (2012) *Cajamarca, Cumbemayo, el Camino del Agua*. Lima, UAP.

Earls, J. (2006) *La agricultura andina ante una globalizacion en desplombiacion*. Lima, PUCP

(2007) *Introdução à teoria dos sistemas complexos*. Lima, PUCP

Echeverna, J. (1999), *Introduction a la metodologia de la ciencia. La filosofia de la ciencia en el siglo XX*, Madrid, Graficas Rogar S.A.

Fernandez, (2012) *¡Eureka! El placer de la invencion*. Espanha, EDITEC

Galileo, G. (1984) *El Ensayador*, Madrid, SARPE.

(1945), *Dialogos Acerca de Dos Nuevas Ciencias,* Buenos Aires, Editorial Losada.

(1980) *Discorsi e dimostrazioni matematiche intorno a due nuove scienze* (Discursos e demonstrações matemáticas em torno de duas novas ciências) Itália, UTET.

Garrta, E. (1957) *Historia de la fisica*. Buenos Aires, Editorial Nova

Guevara, A. (2017), *La caduta dei gravi: dal movimento locale alla gravitazione universale* [A queda dos corpos: do movimento local à gravitação universal] (tese de mestrado). Universidade de Florença. Itália INDECOPI (2020) *^Quem somos nós?* Recuperado em 22 de janeiro de 2020, de https://www.indecopi.gob.pe/quienes-somos

Piscoya, L. (1999), *Filosofia*. Lima, Metrocolor

(2007) *Lógica Geral*. Lima. Vicerrectorado academico UNMSM

Quintanilla, M. (2005), *Filosofia de la tecnologia*. Lima, Fondo editorial de la UIGV

Soluciones Practicas (2012) *Micro centrais Hidroeléctricas*. Lima, Soluciones Practicas

UNMSM (2018) *Reglamento de Propiedad Intelectual de la Universidad Nacional Mayor de San Marcos*. Lima, VRIP UNMSM

(2018) *Sistema de Recipientes para Geração de Energia Eléctrica* (Documento técnico) Lima, UNMSM

Vollmer, G. (2005), *Teona evolucionista del conocimiento*. Madrid, Editorial Comares

ANEXO N.º 1

1

SISTEMA DE RECIPIENTES PARA GENERACION DE ENERGIA ELECTRICA

Campo de la Invención

La presente invención se enmarca en el campo técnico de las máquinas que convierten la energía potencial gravitatoria del agua en energía eléctrica, utilizando un sistema de recipientes dispuestos sobre una cadena, en cuyos recipientes se acumula el agua proveniente de una fuente alimentadora.

Antecedentes de la Invención

Existen diferentes tipos de máquinas que convierten la energía potencial del agua en energía eléctrica como las turbinas hidráulicas que, dependiendo de la altura y del volumen, se utilizan para generar hidroenergía, en un rango que va desde las denominadas pico centrales hasta las grandes centrales hidroeléctricas.

Las turbinas hidráulicas presentan algunos límites técnicos, como por ejemplo, el referido al volumen necesario para que funcionen con eficiencia; por citar el de la turbina más usada, la pelton, trabaja a un caudal mínimo de 5×10^{-2} m^3/s. Además, la potencia mecánica depende de la presión hidrostática, a su vez, el impacto del agua es con un solo punto tangencial de la circunferencia de la turbina por lo tanto es momentáneo.

Al respecto, la presente invención permite generar electricidad con un caudal muy reducido porque la propulsión se genera por efecto del peso del agua acumulada en los recipientes, por lo tanto, el peso del agua ejerce una fuerza constante, a través de la cadena, sobre parte de las circunferencias de las poleas, esta fuerza se conserva, desde que el momento en que los recipientes se cargan en el momento que giran sobre la polea ubicada en la parte superior hasta el momento en que se produce la descarga en la polea inferior. Adicionalmente la presente invención genera electricidad con un caudal muy reducido del orden de 10^{-4} m^3/s, lo que significa un caudal muy bajo en relación a la turbina pelton; a su vez, en cuanto se refiere a la altura, el presente invento funciona con eficiencia a bajas alturas; así tenemos que al menos funciona con una distancia aproximada de un milímetro de distancia entre las circunferencias de las dos poleas sobre las cuales gira la cadena, lo que permite el funcionamiento eficiente de la invención a bajas alturas.

Anteriormente, el equipo de investigación conformado por docentes y estudiantes de la Universidad Nacional Mayor de San Marcos, en el año 2012 desarrolló una máquina con dos poleas, recipientes y fajas y/o cables que funcionó con los siguientes parámetros: altura de 8.5 m y caudal de 11 l/m, dicha máquina logró accionar un generador con las siguientes características: 12 voltios, 420 rpm, 330W con una eficiencia de 70%, lo que significa haber superado los límites referidos a la relación entre la altura y el caudal necesarios para que funcionen las turbinas convencionales, como por ejemplo, la turbina pelton. Dicha máquina utiliza como elemento mecánico propulsor una faja o cables de driza, sobre cuyos accesorios se adhieren los recipientes; aparte de su corto periodo de vida útil de la faja, poleas y recipientes; la faja, pierde tensión en cuestión de días; al respecto, la presente invención utiliza una cadena de acero en vez de fajas o cables la cual evita la pérdida de tensión a corto plazo y, a la vez, puede trabajar con volúmenes de agua más elevados.

Al respecto, el documento KR20100034129 describe un sistema micro hidroeléctrico de baja altura que impulsa un generador mediante el movimiento de una pluralidad de cubos ubicados en una rueda dentada que se conecta al eje del generador.

Este sistema presenta un inconveniente, ya que el centro de gravedad del recipiente al estar a una cierta distancia de la cadena y al frente de ésta, la fuerza total del peso del recipiente, no se transmite en su totalidad hacia el punto tangencial de la polea ubicada en la parte superior, por lo tanto, al realizar la descomposición de fuerzas, según el diagrama de cuerpo libre de las fuerzas intervinientes, se observa un vector en dirección horizontal.

Sin embargo la presente invención presenta una ventaja ya que el centro de gravedad del par de recipientes coincide con los puntos tangenciales de las polea superior e inferior; dichos puntos son en donde concurren la circunferencia de las poleas y la cadena; por lo que es posible que los recipientes se carguen de agua en la totalidad de su capacidad volumétrica, y, además, ya que el centro de gravedad del par de recipientes coincide tangencialmente con la circunferencia de la polea, la fuerza generada por el peso, es transmitida en su totalidad hacia el punto tangencial en el que concurren la cadena y la polea ubicada en la parte superior. Por lo tanto al hacer la descomposición de fuerzas según el diagrama de cuerpo libre, no se observa ninguna fuerza en dirección horizontal, por lo tanto, el cien por ciento de la fuerza del peso se transmite a la cadena.

El documento WO2013036001, describe un sistema generador de energía que comprende una rueda superior y una rueda inferior formando una línea perpendicular con respecto al suelo, un carril que circula alrededor de la rueda superior y la rueda inferior, y una pluralidad de cubos fijados a intervalos uniformes en el carril; un rotor que tiene una pluralidad de dientes fijados en una superficie exterior del mismo a intervalos uniformes e instalados en acoplamiento con las barras de las cubetas; y un fluido suministrado a las cubetas para ejercer energía potencial en el sistema, donde la energía del fluido se usa para aumentar la fuerza de rotación del rotor que permite generar energía eléctrica.

Este sistema presenta un inconveniente puesto que el agua está en contacto directo con las poleas y el carril, además, el centro de gravedad de los cubos no coincide con la circunferencia de la rueda o polea, por lo que un porcentaje de la fuerza del peso del recipiente no se transmite hacia la polea ubicada en la parte superior.

Por lo expuesto, resulta necesario proveer un sistema que supere los problemas presentados por los antecedentes antes mencionados.

Descripción de la Invención

Con la finalidad de resolver los problemas antes mencionados, se ha ideado un sistema de recipientes que permite transformar la energía potencial del agua en energía mecánica, para luego ser transformada en energía eléctrica mediante un sistema electromecánico. La transformación de energía ocurre a partir del momento en el que la fuerza del peso del agua genera la propulsión que, mediante una cadena, se transmite a una polea superior, cuyo eje está interconectado con un sistema de ejes y poleas que aumentan la velocidad que, en conjunto, hacen girar al rotor del generador.

La máquina en referencia comprende un sistema de recipientes con al menos dos pares de recipientes interconectados mediante una varilla en la parte superior, y un tubo en la parte inferior, este tubo permite que el agua fluya por los recipientes según el principio de vasos comunicantes, por lo que el agua es distribuida entre los recipientes equitativamente; dicho principio establece que si en varios recipientes comunicantes se vierte un líquido homogéneo y se deja en reposo, en breve, se observa que en todos los vasos el líquido alcanza al mismo nivel, independientemente de la forma o de la capacidad volumétrica de los recipientes.

Cada conjunto de recipientes interconectados presenta al menos un par de recipientes los mismos que se interconectan entre sí, mediante un tubo en la parte inferior de éstos y una varilla en la parte superior como medio de soporte. Según las características de los parámetros físicos determinantes, tales como el volumen y la altura; los recipientes pueden ser de diferentes capacidades volumétricas, pero en todos los casos, cada uno de los recipientes está hecho, preferentemente, de fibra de vidrio y tiene una forma aerodinámica que le permite romper la resistencia del aire con más facilidad y, con ello, aumentar la potencia mecánica de la máquina. El tubo se conecta con cada recipiente por la parte inferior, en puntos que coinciden con los extremos del diámetro de cada recipiente, mientras que la varilla atraviesa por la parte superior a los recipientes, cercano a la boca de cada recipiente en puntos que coinciden con los puntos extremos del diámetro de cada recipiente. Las dimensiones y tipo de materiales de estos dos elementos de interconexión dependen del volumen y altura disponibles. En el caso de la varilla, preferentemente, es de acero inoxidable, para evitar la corrosón y, a la vez, resistir el peso de los recipientes a los que sostiene y, con respecto al tubo, preferentemente, es de polietileno y no es afectado significativamente por el peso, ya que se ubica en la parte inferior de los recipientes cargados de agua.

La acumulación de la masa, mediante el sistema de recipientes, permite que el agua ingrese solamente por uno de los recipientes, desde dicho recipiente el agua será transmitida hacia los demás recipientes interconectados, esto permite que la distribución del agua sea equitativa y, por ende, el peso de cada recipiente sea igual.

Este tipo interconexión y distribución de los recipientes, permite que los recipientes sean ubicados en la parte lateral de la cadena a una distancia estratégica, logrando, así, que el agua no haga contacto ni con la cadena ni con las poleas, de tal manera que el sistema mecánico ofrece una mayor durabilidad, evitando, así, un desgaste acelerado y, a la vez, al no contactar el agua con la cadena ni con las poleas, facilita el proceso de lubricación.

El sistema presenta al menos una cadena cerrada del tipo sin fin, preferentemente hecha de acero, que puede ser, en cuanto a su estructura, del tipo: simple, doble, triple, etc, y, en cuanto a su tamaño, puede ser corta o extensa, dependiendo del caudal y la altura. Además, el sistema presenta al menos, dos poleas de acero con engranajes en su circunferencia, sus dimensiones dependen de la altura y el caudal disponible. Sobre estas dos poleas circula la cadena.

En la mencionada cadena se acoplan los recipientes interconectados, ubicados en la parte lateral de ésta, de tal manera que los centros de gravedad de cada recipiente se alinean horizontalmente con la cadena y, por ende, también se alinea verticalmente con el punto de tangencia de la cadena con las poleas, al descender y ascender; este hecho permite que la fuerza total producida por el peso se transmita en su totalidad a las poleas y, desde éstas, hacia el sistema electromecánico de generación de energía eléctrica.

La propulsión se inicia en el momento que una cantidad suficiente de agua, mediante un tubo de alimentación, es depositada en los recipientes adheridos a la cadena, la fuerza de gravedad que ejerce la Tierra sobre cada recipiente se transmite a la cadena, entonces la cadena gira sobre dos poleas dentadas que están ubicadas una al extremo de la otra y separadas perpendicularmente; la propulsión generada por el peso del agua es transmitida, finalmente, a las dos poleas, y es la polea superior la que hace girar al eje del rotor del generador.

Los recipientes interconectados, están fijados a la cadena cerrada, de tal manera que en un lado de la cadena, los recipientes mantienen sus bocas hacia arriba y descienden al ser cargados con agua; mientras que en el lado opuesto de la cadena, los recipientes mantienen una posición con sus bocas hacia abajo, pues están vacíos y ascienden hasta la polea superior para volver a ser cargados otra vez, y así, sucesivamente, siempre que la fuente alimentadora de agua sea constante. Como ya se ha mencionado líneas arriba, el sistema de recipientes interconectados permite transmitir la fuerza total del peso hacia la cadena y con ello a las poleas; por otro lado, el uso del sistema de vasos comunicantes hace posible de que, en el momento de la carga y descarga de los recipientes, el agua no haga contacto ni con las cadenas ni con las poleas; además, ya que el agua se acumula en los recipientes ubicados en las partes laterales de la cadena, el sistema de recipientes permite obtener una mayor capacidad volumétrica por cada unidad de distancia y por cada unidad de tiempo, lo que permite generar una mayor potencia mecánica y, por ende, eléctrica.

Todo este sistema mecánico, de cierto modo, hace las funciones de una turbina a reacción; ya que la propulsión emana del peso de la masa contenida en los recipientes, éstos, a su vez, atraídos por la fuerza de gravedad terrestre, hacen que la cadena ejerza una fuerza tangencial sobre las dos poleas que se encuentran en los extremos; a su vez las poleas transmiten el movimiento circular al generador, mediante el eje de la polea superior, cuyos extremos descansan sobre sus respectivos cojinetes que están acoplados a una base que puede ser de madera y/o metal.

El sistema mecánico referido a la presente invención, permite obtener una mayor potencia en relación a las turbinas convencionales; es decir, con el mismo caudal y la misma altura, el sistema electromecánico que utiliza la cadena y recipientes, permite obtener una mayor potencia mecánica y, con ello, una mayor potencia eléctrica, pues funciona con un caudal muy reducido del orden de 10^{-4} m^3/s, en relación a los antecedentes mencionados.

En cuanto se refiere a los recipientes, éstos están ubicados a una distancia estratégica y en la parte lateral de la cadena, además, están acoplados a la cadena en el punto céntrico de la varilla y del tubo que interconectan a los recipientes, de tal manera que haya una distribución equitativa del agua entre los recipientes para que se dé un equilibrio entre ellos, esto permite que en el momento de la carga y descarga del agua, ésta no haga contacto ni con la cadena ni con los engranajes de las dos poleas; de esta manera, de un lado, se evita que el agua ocasione un desgaste rápido de la cadena y, de otro lado, permite que la cadena y las poleas y sus respectivos engranajes conserven su lubricación según las especificaciones técnicas del fabricante, garantizando, así, el periodo de vida útil de todo el sistema mecánico de la máquina.

El centro de gravedad del par de recipientes coincide con el punto tangencial en donde concurren la cadena y las poleas, hecho que permite que el sistema funcione con más eficiencia; por lo que es posible que los recipientes se carguen de agua en la totalidad de su capacidad volumétrica. La fuerza generada por el peso, es transmitida a la faja y, por ende, a la polea ubicada en la parte superior, sobretodo; cabe precisar que el eje de esta polea superior es el que acciona el sistema de transmisión que pone a funcionar al generador.

El presente sistema está diseñado, de manera tal que, el agua no hace contacto ni con las poleas ni con la cadena, hecho que garantiza el periodo de vida útil de la cadena y de las poleas; además, el centro de gravedad del par de recipientes coincide tangencialmente con la circunferencia de la polea superior e inferior, lo que permite que el sistema funcione con mayor eficiencia.

Es pertinente aclarar que, según ciertos parámetros técnicos, es posible acoplar otra cadena paralela a la existente, este procedimiento es aconsejable cuando se disponga de un caudal que no puede ser aprovechado por los recipientes acoplados a una sola cadena, sobre la cual se encuentra distribuidos los pares de recipientes. El hecho de acoplar una segunda cadena permite aprovechar un caudal más elevado, por lo tanto, se obtiene un mayor peso, lo que significa una mayor potencia, ya que el peso del agua se acumula, ya no en dos recipientes, sino en tres recipientes. Al respecto, este tercer recipiente nos indica que la fuerza del peso del agua se distribuye entre las dos cadenas y en los tres recipientes, esta distribución de fuerzas es beneficioso para la durabilidad del sistema mecánico, y, a la vez, no afecta el rendimiento del sistema, pues los recipientes, en su conjunto, generan una sumatoria de fuerzas que hacen posible el giro de las poleas y, por ende, del generador también. Además, el uso de una segunda cadena y un tercer recipiente permiten acumular mayor cantidad de masa por cada unidad de distancia y por cada unidad de tiempo. En este caso los tres recipientes se alinean horizontalmente entre sí y a su vez el centro de gravedad de cada recipiente se alinea horizontalmente con la cadena.

Descripción de las Figuras

FIGURA N° 1: Muestra una vista isométrica del sistema de recipientes para generación de energía eléctrica que comprende un sistema de recipientes (1), unos recipientes (1a y 1b), una cadena (2), una polea superior (3), un tubo (4), una varilla (5), un eje inferior (6), un tubo de alimentación (7), un eje superior (8), una polea inferior (9).

FIGURA N° 2: Muestra una vista frontal del sistema de recipientes para generación de energía eléctrica donde se muestra todos los elementos anteriormente mencionados.

FIGURA N° 3: Muestra una vista lateral derecha del sistema de recipientes para generación de energía eléctrica donde se muestra todos los elementos anteriormente mencionados.

FIGURA N° 4: Muestra una vista isométrica del sistema de recipientes para generación de energía eléctrica que comprende: un sistema de recipientes (1), unos recipientes (1a,1b y 1c), unas cadenas (2a y 2b) y todos los elementos anteriormente mencionados.

Realización Preferente de la Invención

Como se muestra en la figura 1, la máquina generadora de energía eléctrica presenta un sistema de recipientes (1) que comprende un recipiente (1a) unido mediante un tubo (4) ubicado en la parte inferior central del recipiente a otro recipiente (1b). Adicional a ello, una varilla (5) que une a ambos recipientes (1a y 1b) por la parte lateral central superior de ambos. La varilla (5) se encuentra acoplada a una cadena (2) mediante un tornillo de sujeción sobre la curva de un accesorio en forma de "U", donde cada uno de los extremos está soldado a un eslabón de la cadena (2), respectivamente siendo el punto de acople el centro de la varilla (5) y del tubo (4).

La cadena (2) une la polea superior (3) con la polea inferior (9) que se encuentran alineadas y separadas verticalmente, una respecto de la otra, y con sus ejes (6 y 8) en paralelo; los extremos de dichos ejes, descansan sobre sus respectivos rodamientos que están acoplados a una base que puede ser de madera y/o metal.

Las dos poleas (3 y 9), fijas sobre su respectivo eje, giran en un solo sentido, la polea superior (3) se fija a su respectivo eje superior (8) y la polea inferior (9) se fija a su respectivo eje inferior (6).

Como se muestra en las figuras, el invento funciona de la siguiente manera: una fuente alimentadora como un caudal, acorde con el diseño mecánico de la máquina, ingresa por un tubo de alimentación (7) que desemboca directamente sobre un recipiente (1b), el cual está conectado mediante un tubo (4) a otro recipiente (1a), produciéndose, de esta manera, un equilibrio del agua entre estos dos recipientes.

Según la altura y el caudal disponibles, cuando es necesario, un conjunto de recipientes interconectados se acopla sobre una cadena (2), de tal manera que, mediante el peso acumulado en los recipientes (1a y 1b), se transmite mayor potencia a la cadena (2) que, a su vez, transmite dicha potencia a la polea superior (3) y polea inferior (9) y, con ello, a sus ejes respectivos, eje superior (8) y eje inferior (6). En el caso de la polea superior (3), su eje superior (8) está conectado a un sistema mecánico amplificador de revoluciones que acciona a un generador de energía eléctrica. Es importante precisar que la potencia mecánica generada por la máquina está en concordancia con la potencia nominal del generador, según lo especifican los datos proporcionados por el fabricante.

La propulsión se inicia cuando el alimentador provee de una cantidad suficiente de agua a los dos recipientes (1a y 1b), enseguida, por efectos de la gravedad terrestre, éstos tienden a descender, generando, de esta manera, la propulsión. Cada par de recipientes (1) vierte el agua en el momento que gira sobre la polea inferior (9), momento a partir del cual los recipientes (1a y 1b) ascienden vacíos para ser cargados otra vez, apenas giran sobre la polea superior (3), formándose, así, un circuito constante. Cabe destacar que el volumen del agua es directamente proporcional a la potencia del sistema; la misma relación de proporcionalidad se establece respecto a la altura.

Como se muestra en la figura 4, el dispositivo generador de energía, también funciona sin inconvenientes acoplando otra cadena (2b) ubicada de forma paralela a la cadena (2a) precedente, por lo tanto, si bien la máquina puede funcionar al menos con una cadena con caudales y alturas inferiores a los de una turbina convencional, también puede funcionar con caudales iguales o superiores a las alturas y caudales de una micro central, por ejemplo; para lo cual, es suficiente con colocar otra cadena (2b), paralela y con la misma dimensión de la otra cadena (2a) sobre las cuales se acoplan sus respectivos recipientes (1a, 1c y 1b), estos recipientes tienen una ubicación paralela a las cadenas (2a y 2b); cada cadena une a dos poleas de la misma dimensión en cada extremo, estas poleas se encuentran fijadas sobre los ejes respectivos. Las dos poleas superiores giran sobre un eje común, lo mismo ocurre con las poleas inferiores.

El número de cadenas se puede aumentar de acuerdo a la cantidad de caudal disponible y acorde con la altura; por ejemplo según la figura 1, si se usa sólo una cadena (2), los recipiente son dos, tal como el primer recipiente (1a) y un segundo recipiente (1b), en este caso, el agua ingresa por el segundo recipiente (1b); pero como se muestra en la figura 4, si se utilizan dos cadenas (2a y 2b), los recipientes vendrían a ser tres: el primer recipiente (1a), el segundo recipiente (1b) y el tercer recipiente (1c), los tres alineados e interconectados por una varilla y un tubo, semejante a lo observado en la figura 1; en este caso el tercer recipiente (1c) va ubicado al centro de las dos cadenas y sobre este recipiente ingresa el agua, desde el cual se distribuye hacia los otros dos recipientes que se encuentran al lado derecho e izquierdo del tercer recipiente (1c); los recipientes (1a y 1b) se acoplan de tal manera que se ubiquen lateralmente, uno a cada lado de las cadenas (2a y 2b), siguiendo los nismos mecanismos de acoplamiento que se usa en el caso de una sola cadena, como se muestra en la figura 1.

Reivindicaciones

1. Un sistema de recipientes para generación de energía eléctrica que comprende al menos un par de recipientes (1), donde se une un primer recipiente (1a) con un segundo recipiente (1b), por la parte inferior de cada recipiente mediante un tubo (4), y por la parte superior lateral de cada recipiente mediante una varilla (5); la varilla (5) y el tubo (4) se encuentran acoplados a una cadena (2) en su parte central; la cadena (2) envuelve y une una polea superior (3) con una polea inferior (9), ambas poleas se encuentran ubicadas verticalmente una respecto de la otra; la polea superior (3) posee un eje superior (8) y la polea inferior (9), un eje inferior (6); la polea superior (3), mediante su eje superior (8), está conectado a un sistema mecánico amplificador de revoluciones que acciona a un generador de energía eléctrica.

2. Un sistema de recipientes para generación de energía eléctrica según reivindicación 1, caracterizado porque el primer recipiente (1a) y el segundo recipiente (1b) se sitúan en parte lateral de la cadena (2), y a una distancia estratégica de ésta, cuyo punto de acople con la cadena (2) es en la parte céntrica de la varilla (5) y del tubo (4).

3. Un sistema de recipientes para generación de energía eléctrica según reivindicación 1, caracterizado porque la cadena (2) mantiene una posición vertical que une a una polea superior (3) y a una polea inferior (9), éstas están alineadas y separadas en dirección vertical.

4. Un sistema de recipientes para generación de energía eléctrica según reivindicación 1, caracterizado porque la polea superior (3) y la polea inferior (9) están fijas sobre su respectivo eje que giran en un solo sentido, y el eje superior (8) así como el eje inferior (6) de la polea superior (3) y de la polea inferior (9), respectivamente, giran sobre sus respectivos cojinetes que se encuentran en los extremos de los mismos.

5. Un sistema de recipientes para generación de energía eléctrica según reivindicación 1, caracterizado porque presenta al menos dos cadenas (2a y 2b) sobre las cuales

se acopla unos recipientes (1a, 1b, 1c), siendo el ingreso del agua por el recipiente (1c) que está ubicado en la zona central respecto a los otros dos recipientes (1a y 1b) y también respecto a las dos cadenas (2a y 2b).

6. Un sistema de recipientes para generación de energía eléctrica según reivindicación 5, **caracterizado porque** cada una de las cadenas (2a y 2b) gira sobre dos poleas, una superior y otra inferior.

7. Un sistema de recipientes para generación de energía eléctrica según reivindicación 6, **caracterizado porque** las dos poleas superiores de ambas cadenas giran sobre un eje común, al igual que las dos poleas inferiores.

8. Un sistema de recipientes para generación de energía eléctrica según reivindicación 1, **caracterizado porque** el centro de gravedad de al menos un par de recipientes (1) coincide con los puntos tangenciales en los que concurren la cadena (2) y la polea superior (3) y, también la polea inferior (9).

Resumen

Se sabe que la tecnología que permite producir la hidroenergía, generalmente, lo constituyen los diversos tipos de turbinas; sin embargo, éstas operan a alturas y con caudales determinados, es decir, tienen un límite. Para superar estos inconvenientes, se han ideado otras formas de aprovechar la energía potencial del agua; entre estas formas tenemos las máquinas que permiten aprovechar energía potencial del agua mediante el uso de dos poleas unidas, ya sea por cables, fajas o cadenas sin fin, en los tres casos, con cubos o recipientes acoplados sobre las fajas, cables o cadenas. El inconveniente es que el periodo de durabilidad de los accesorios mecánicos mencionados, es corto, principalmente, porque el agua está en permanente contacto con estos elementos mecánicos, sobre todo con las poleas y las fajas, cables y cadenas, según sea el caso.

Ante esta situación se hizo una innovación tecnológica, que se refiere al uso de poleas con una cadena, sobre la cual van acoplados al menos un par de recipientes a cada lado de la cadena; es decir, un par cargado con agua y el otro, vacío. Cada recipiente se encuentra ubicado a una distancia de la parte lateral de la cadena, de tal manera que en el momento que se produce la carga y descarga del agua, ésta no hace contacto, ni con las poleas, ni con la cadena, propiciando, así, la posibilidad de lubricar la cadena y las poleas, lo que implica que los accesorios en referencia tengan un periodo de vida útil más prolongado.

En el caso de que se disponga de grandes caudales, es posible acoplar una segunda cadena, y con ello, se puede acoplar tres recipientes, este hecho permite acumular mayor cantidad de agua, por cada unidad de tiempo y de distancia, lo que implica el incremento de la potencia mecánica.

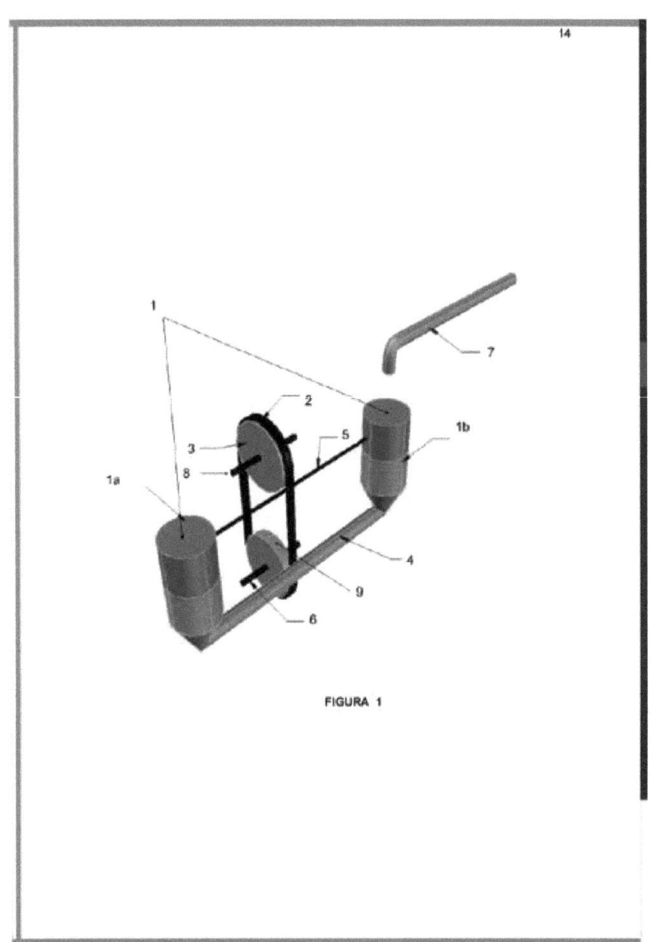

FIGURA 1

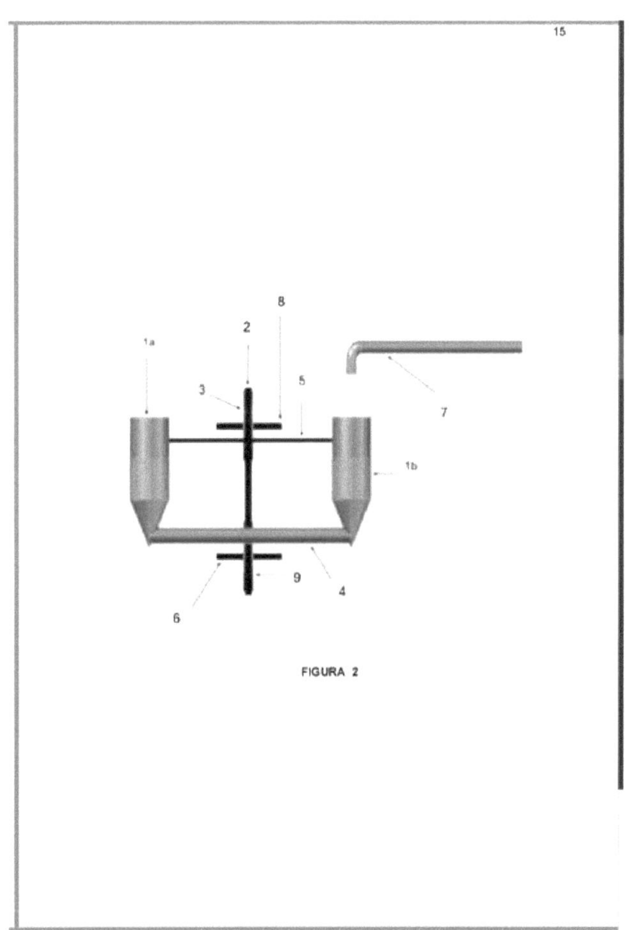

FIGURA 2

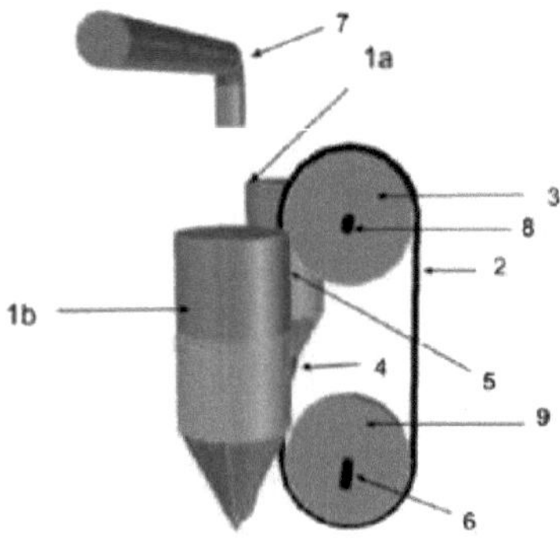

FIGURA N° 3

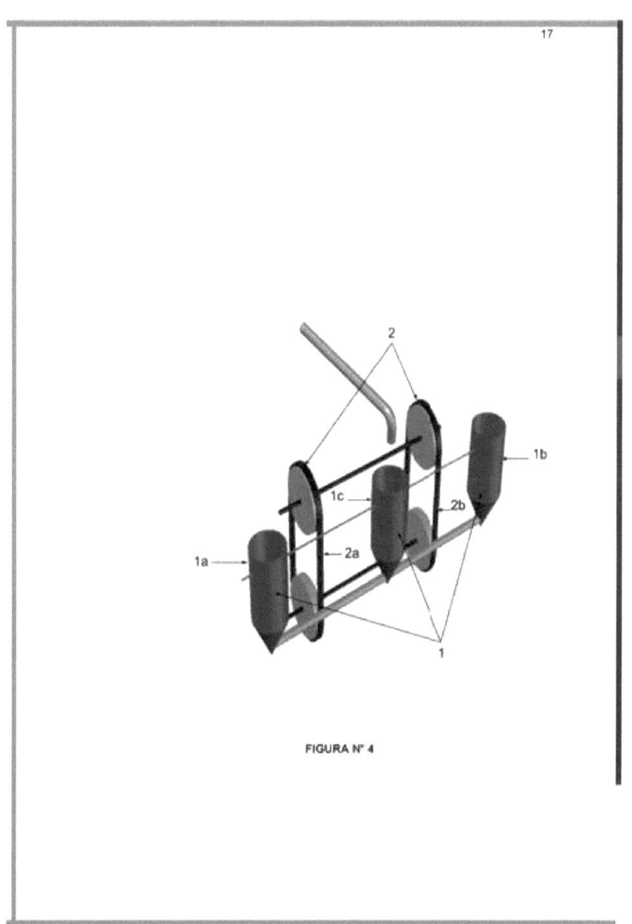

FIGURA N° 4

ANEXO N.º 2

Universidad Nacional Mayor de San Marcos
Universidad del Perú. Decana de América

Vicerrectorado de Investigación y Posgrado

CESIÓN DE DERECHOS

Conste mediante la presente que el señor Agustín Esmaro Guevara Ruiz, identificado con DNI N° 40435591, inventor del **"Sistema de recipientes para generación de energía eléctrica"**, cede los derechos sobre dicha invención a la Universidad Nacional Mayor de San Marcos, identificada con RUC N° 20148092282.

Se cumple con legalizar la firma del inventor ante Notario Público.

Agustín Esmaro Guevara Ruiz
DNI N° 40435591

CERTIFICO: la autenticidad de la firma que antecede de: Agustín Esmaro Guevara Ruiz con DNI No. 40435591 que legalizo

Callao, 12 OCT. 2018

Manuel Gálvez Succar
ABOGADO NOTARIO

EL NOTARIO NO ASUME RESPONSABILIDAD SOBRE EL CONTENIDO DEL DOCUMENTO (ART. 108 DEL D.L. 1049)

DOCUMENTO NO REDACTADO EN ESTA NOTARIA

Av. Germán Amezaga s/n – Ciudad Universitaria
Biblioteca Central UNMSM 4° Piso

Central Telefónica 619-7000 Fax 7577

ANEXO N.º 3

SOLICITUD DE REGISTRO DE PATENTE

Indecopi

(21) 144209

2018 OCT 17 PM 4 54

RECIBIDO

DIRECCIÓN DE INVENCIONES Y NUEVAS TECNOLOGÍAS

(22) 002013-2018/DIN

A la Dirección de Invenciones y Nuevas Tecnologías se solicita el registro de la concesión, conforme a las siguientes especificaciones, de:

(12) Patente de Invención ☐ Modelo de Utilidad ☒

(71) Solicitante (s), domicilio (s), y país (es)

UNIVERSIDAD NACIONAL MAYOR DE SAN MARCOS
Calle Germán Amézaga N°375 – Edificio Jorge Basadre, Ciudad Universitaria, Lima 1

Teléfono (s) 619 7000 anexo 7577 Telefacsímil (es)

(72) Inventor (es), domicilio (s) y nacionalidad (es)

AGUSTÍN ESMARO GUEVARA RUÍZ
Jr. Diana Mz. B Lt. 8, Surco, Lima
Peruano

(74) Representante / Apoderado y domicilio

FELIPE ANTONIO SAN MARTÍN HOWARD
Calle Germán Amézaga N°375 – Edificio Jorge Basadre, Ciudad Universitaria, Lima 1

N° Agente Poder N° Anexo a:

Teléfono (s) 619 7000 anexo 7577 Telefacsímil (es)

(54) Título de la invención

SISTEMA DE RECIPIENTES PARA GENERACION DE ENERGIA ELECTRICA

(51) Clasificación internacional sugerida (CIP) F03B9/00

(30) Reivindica prioridad Sí ☐ No ☒

(31) Número (s) (32) Fecha (s) (33) País (es)

INSTITUTO NACIONAL DE DEFENSA DE LA COMPETENCIA Y DE LA PROTECCIÓN DE LA PROPIEDAD INTELECTUAL
DIRECCIÓN DE INVENCIONES Y NUEVAS TECNOLOGÍAS
Calle De la Prosa 104, San Borja, Lima 41 - Perú Telf. 224-7800 Anexos 3805, 3806, 3801 o 3811
Web: www.indecopi.gob.pe

F-DIN-01/01

DECLARACIÓN SOBRE UTILIZACIÓN DE RECURSO GENÉTICOS Y/O CONOCIMIENTOS TRADICIONALES:

1. Declaro que mi invención fue obtenida o desarrollada a partir de recursos genéticos o de sus productos derivados de Países Miembros de la Comunidad Andina.

☐ SI. Indique el lugar de colecta o extracción ____________________

☑ NO

2. Declaro que mi invención fue obtenida o desarrollada a partir de conocimientos tradicionales de las comunidades indígenas, afroamericanas o locales de Países Miembros de la Comunidad Andina.

☐ SI. Indique el lugar de colecta o extracción ____________________

☑ NO

RECAUDOS ANEXOS:

☒ Descripción: _____ hojas (_____ ejemplares)
☒ Reivindicaciones: _____ hojas (_____ ejemplares)
☒ Resumen (_____ ejemplares)
☒ Dibujos o Planos: - numerados de N° _____ a N° _____
(_____ ejemplares)
- se sugiere dibujo N° ___ para la publicación
☒ Poder o documento de personería
☐ Documento(s) de prioridad
☐ Certificado de exhibición
☒ Comprobante de pago de tasa
☐ Informe(s) de búsqueda o de patentabilidad extranjero(s)
☐ Reducciones del plano o dibujo principal
☒ Documento de cesión
☒ Otros, especificar: PATENTA – MODALIDAD CENTROS ACADÉMICOS Y DE INVESTIGACIÓN

Fecha: 15 de octubre de 2018

Firma

Felipe Antonio San Martín Howard

En cumplimiento de lo dispuesto por la Ley N° 29733, Ley de Protección de Datos Personales, le informamos que los datos personales que usted nos proporcione serán utilizados y/o tratados por el Indecopi (por sí mismo o a través de terceros), estricta y únicamente para administrar el sistema de promoción, registro y protección de derechos de propiedad intelectual (signos distintivos, invenciones y nuevas tecnologías, y derecho de autor) en sede administrativa, así como, de ser el caso, para las actividades vinculadas con el registro de usuarios del sistema de patentes, pudiendo ser incorporados en un banco de datos personales de titularidad del Indecopi.
Se informa que el Indecopi podría compartir y/o usar y/o almacenar y/o transferir su información a terceras personas, estrictamente con el objetivo de realizar las actividades antes mencionadas.
Usted podrá ejercer, cuando corresponda, sus derechos de información, acceso, rectificación, cancelación y oposición de sus datos personales en cualquier momento, a través de las mesas de partes de las oficinas del Indecopi.

INSTITUTO NACIONAL DE DEFENSA DE LA COMPETENCIA Y DE LA PROTECCIÓN DE LA PROPIEDAD INTELECTUAL
DIRECCIÓN DE INVENCIONES Y NUEVAS TECNOLOGÍAS
Calle De la Prosa 104, San Borja, Lima 41 - Perú Telf: 224-7800 Anexos 3801, 3806, 3801 o 3811
Web: www.indecopi.gob.pe

F-DIN-01/01

ANEXO N.º 4

Feria de Inventos y Diseños Industriales

EXPO
PATENTA

Ven a conocer
LA CREATIVIDAD DE LOS INVENTORES PERUANOS

Patenta

Se otorga el presente Diploma a:

AGUSTÍN ESMARO GUEVARA RUÍZ

Por el invento denominado

SISTEMA DE RECIPIENTES PARA GENERACIÓN DE ENERGÍA ELÉCTRICA

el cual participó en el XVII Concurso Nacional de Invenciones y Diseños Industriales realizado del 22 al 25 de noviembre del 2018 por el Instituto Nacional de Defensa de la Competencia y de la Protección de la Propiedad Intelectual – INDECOPI

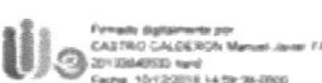

Manuel Castro Calderón
Director
Dirección de Invenciones y Nuevas Tecnologías
INDECOPI

ANEXO N.º 5

DIRECCION DE INVENCIONES Y NUEVAS TECNOLOGIAS

Examen de patentabilidad	
JDB	008-2020

Expediente:	002013-2018/DIN	Fecha de ingreso:	2018-10-17
		Fecha de presentación:	2018-10-17

Solicitud internacional PCT	N°	
	Fecha:	

Solicitante(s):	UNIVERSIDAD NACIONAL MAYOR DE SAN MARCOS

Prioridad(es)	Fecha(s) de prioridad(es)
No reivindica	

Modalidad de protección	Patente de Invención (Decisión 486 / Art. 45)	
	Modelo de Utilidad (Decisión 486 / Art. 45 concordante con Art. 85)	X
Título:	«Sistema de recipientes para generación de energía eléctrica»	

Referencia(s):	

Opositor(es):	

1. Textos a analizar	Originalmente presentado	Modificaciones	Fecha	Ampliación[1] (Decisión 486 / Art. 34)	
				SI	NO
Memoria descriptiva	X				
Figura(s)	X				
Reivindicación(es)	1 a 8				
Resumen	X				
Listado de secuencias					
Otros[2]					

[1] En caso de que las modificaciones realizadas impliquen una ampliación de lo originalmente presentado, esta nueva documentación modificada no será tomada en cuenta y toda opinión final emitida se realizará en función a la documentación original.

* Constituye una ampliación parcial.

[2] e.i. argumentos, resultados de ensayos, cuadros comparativos, etc.

1/4

Oposición					
Respuesta a oposición					

	Si	No
2. No invenciones y excepciones a la patentabilidad (Decisión 486 / Art. 15, 20 y/o 82[3])		1 a 8
3. Usos (Decisión 486 / Art. 14[4] y 21)		1 a 8
4. Unidad de invención[5] (Decisión 486 / Art. 25)	1 a 8	

5. Requisitos a evaluar	**Cumple**	**No cumple**
5.1 Para solicitud fraccionaria		
No amplía divulgación de la solicitud inicial (Decisión 486/art. 36)		
Reivindicaciones: No genera doble protección de la solicitud inicial (D.L. 1075/art. 29)		
5.2 Suficiencia, claridad, concisión y soporte		
Memoria descriptiva (Decisión 486/art. 28)	X	
Reivindicaciones (Decisión 486/art. 30)	1 a 8	
5.3 Novedad (Decisión 486/art. 16)		
5.4 Nivel inventivo (Decisión 486/art. 18)		
5.5 Aplicación industrial (Decisión 486/art. 19)		
5.6 Para modelos de utilidad (Decisión 486/art. 81[3])	1 a 8	

[3] En los casos de patentes de Modelo de Utilidad.
[4] Interpretación por el Tribunal de Justicia de la Comunidad Andina que, a la luz del Proceso N° 89-A-2000 considera patentables los productos o los procedimientos, mas no los usos.
[5] En caso de que se encuentre más de un concepto inventivo en la presente solicitud y se identifique más de un grupo de reivindicaciones relacionadas con dichos conceptos inventivos, se procederá con el análisis respecto al primer grupo encontrado.

6 Análisis y opinión escrita acerca de los requerimientos considerados en los numerales anteriores
6.1 Cita(s) y documentación consideradas para la emisión del examen:
Antecedente(s) relevante(s) del estado de la técnica: D1= US 2005/0052028 publicado el 2005-03-10 (Chiang Kud-Chu) «Sistema de generación de energía hidráulica basado en bombeo por peso de agua»

6.2 Formulación de opinión y argumentos respecto al (a los) punto(s):

Respecto del numeral 5.6 (Para modelos de utilidad)

Novedad y ventaja técnica

La **reivindicación 1** referida a un sistema de recipientes para generación de energía eléctrica se diferencia del documento D1 en que comprende:

- al menos un par de recipientes (1), donde se une un primer recipiente (1a) con un segundo recipiente (1b) por la parte inferior de cada recipiente mediante un tubo (4), y por la parte superior lateral de cada recipiente mediante una varilla (5), y donde la varilla (5) y el tubo (4) se encuentran acoplados a una cadena (2) en su parte central;

mientras que el sistema de generación de energía hidráulica descrito en D1, comprende unas cubetas de accionamiento (11-23) individuales unidas a un eje de transmisión (25) por medio de solo unos ejes de cubeta (19) individuales **(ver *resumen, párrafos [0018] y [0020] y figura 1 de D1*)**; por lo tanto, la **reivindicación 1 tiene novedad.**

Comparación gráfica

Reivindicación 1	Documento D1

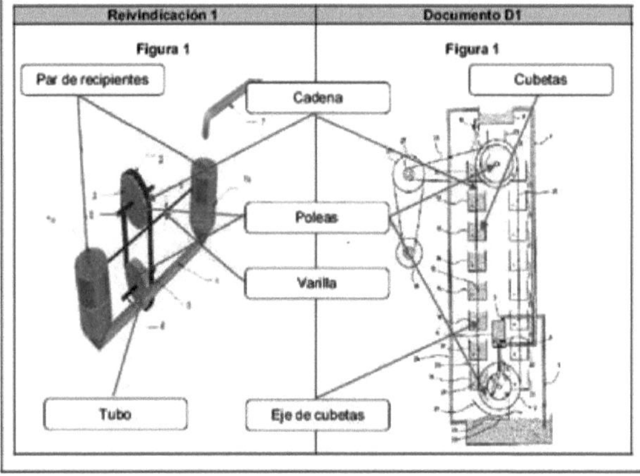

<u>Ventaja técnica</u> La varilla (5) y el tubo (4) permiten que al menos un par de recipientes (1) del sistema de recipientes para generación de energía eléctrica de la invención sean dispuestos lateralmente en relación a la cadena (2), evitando que el agua no haga contacto con la cadena (2) ni con las poleas (3, 9), tal como se menciona en el penúltimo párrafo de la tercera página y el tercer párrafo de la cuarta página de la memoria descriptiva; por lo que, la **reivindicación 1 tiene ventaja técnica.** Por lo tanto, la **reivindicación 1 cumple** con los requisitos establecidos en el artículo 81 de la Decisión 486 de la Comunidad Andina. Las **reivindicaciones 2 a 8**, al ser dependientes de la reivindicación 1, **también cumplen** con los requisitos establecidos en el **artículo 81** de la Decisión 486 de la Comunidad Andina.

7.Conclusión(es)	**Fecha de emisión: 2020-03-26**
En base a la Decisión 486 de la Comisión de la Comunidad Andina: Las reivindicaciones 1 a 8 cumplen con los requisitos establecidos en el artículo 81 de la Decisión 486 de la Comunidad Andina.	**Elaborado por:** Jesús Grabiel Diestra Balta Examinador de Patentes CIP 175429

Revisado por:

NELSON ALEXANDER CRUZ TAPIA
Especialista 2
Dirección de Invenciones y
Nuevas Tecnologías
INDECOPI

ANEXO N.º 6

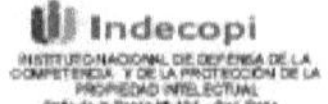

INSTITUTO NACIONAL DE DEFENSA DE LA COMPETENCIA Y DE LA PROTECCIÓN DE LA PROPIEDAD INTELECTUAL
Calle de la Prosa Nº 104 – San Borja

DIRECCIÓN DE INVENCIONES Y NUEVAS TECNOLOGÍAS

Reporte de búsqueda JDB 008-2020		**Expediente n.°**	002013-2018/DIN
Fecha de ingreso:	2018-10-17	**Fecha de presentación:**	2018-10-17
C.I.P. (8) :	F03B 1/02; F03B 7/00	**Fecha de prioridad:**	No reivindica

Términos de búsqueda empleados:

Sistema; recipientes; energía; hidráulica; laterales; eje; cadenas; agua.

F03B 1/02; F03B 7/00

Documentos considerados relevantes

Categoría	Cita del documento, indicando las partes pertinentes y la fecha de publicación	Reivindicaciones afectadas
A	US 2005/0052028 publicado el 2005-03-10 (Chiang Kud-Chu) Ver resumen, párrafos [0018] y [0020] y figura 1. https://worldwide.espacenet.com/patent/search/family/034076560/publication/US2005052028A1?q=pn%3DUS2005052028A1	1 a 8

Categoría de documentos citados:

X: Particularmente relevante por sí solo.
A: Estado de la técnica general, no particularmente relevante.
O: Divulgación oral.
E: Solicitud presentada antes pero publicada después de la fecha de presentación de la solicitud examinada (sólo con X)
D: Citado en la solicitud.
L: Citado por otras razones.
P: Anterior a la fecha de presentación pero posterior a la fecha de prioridad.
T: Teoría o principio en el que se basa la invención
&: Documento miembro de la misma familia de patentes.

Examinador : **Ing. Jesús Grabiel Diestra Balta**

ANEXO N.º 7

DIRECCIÓN DE INVENCIONES Y NUEVAS TECNOLOGÍAS

EXPEDIENTE N° 002013-2018/DIN

RESOLUCIÓN N° 001313-2020/DIN-INDECOPI

Lima, 05 de noviembre de 2020

Patente de modelo de utilidad: Concedida

Mediante expediente N° 002013-2018/DIN, iniciado el 17 de octubre de 2018, UNIVERSIDAD NACIONAL MAYOR DE SAN MARCOS de Perú, solicita patente de modelo de utilidad para "SISTEMA DE RECIPIENTES PARA GENERACIÓN DE ENERGÍA ELÉCTRICA", C.I.P.8 F03B 1/02; F03B 7/00, cuyo inventor es Agustín Esmaro GUEVARA RUÍZ.

1. EXAMEN DE PATENTABILIDAD

El modelo de utilidad solicitado reúne los requisitos establecidos en la Decisión 486 de la Comisión de la Comunidad Andina que aprueba el Régimen Común sobre Propiedad Industrial, conforme aparece en el examen de patentabilidad que corre de fojas 37 a 39 del expediente.

La presente Resolución se emite en aplicación de la norma legal antes mencionada y en uso de las facultades conferidas por los artículos 37 y 40 de la Ley de Organización y Funciones del Instituto Nacional de Defensa de la Competencia y de la Protección de la Propiedad Intelectual (Indecopi) sancionada por Decreto Legislativo N° 1033, concordado con el artículo 4 del Decreto Legislativo 1075 que aprueba las disposiciones complementarias a la Decisión 486 de la Comisión de la Comunidad Andina.

2. RESOLUCIÓN DE LA DIRECCIÓN DE INVENCIONES Y NUEVAS TECNOLOGÍAS

OTORGAR patente de modelo de utilidad para "SISTEMA DE RECIPIENTES PARA GENERACIÓN DE ENERGÍA ELÉCTRICA", C.I.P.8 F03B 1/02; F03B 7/00, a favor de UNIVERSIDAD NACIONAL MAYOR DE SAN MARCOS de Perú, por un plazo de diez (10) años, contados desde el 17 de octubre de 2018, fecha de presentación de la solicitud, aprobándose las 8 reivindicaciones que corren a fojas 13 y 14 del expediente.

Regístrese y Comuníquese

MANUEL CASTRO CALDERÓN
Director de Invenciones y
Nuevas Tecnologías
INDECOPI

JMS/jsa

INSTITUTO NACIONAL DE DEFENSA DE LA COMPETENCIA Y DE LA PROTECCIÓN DE LA PROPIEDAD INTELECTUAL
Calle De la Prosa 104, San Borja, Lima 41 - Perú Telf: 224 7800 / Fax: 224 0348
E-mail: postmaster@indecopi.gob.pe / Web: www.indecopi.gob.pe

M-DIN-15/01 1 de 1

ANEXO N.º 8

INFORME

A : UNIVERSIDAD NACIONAL MAYOR DE SAN MARCOS.

DE : JOSE LUIS FABIAN CHALE.
Consultor en Propiedad Industrial.

ASUNTO : Consultoría preliminar del Proyecto: "Sistema mecánico para generación de energía eléctrica a pequeña escala por propulsión gravitatoria"; presentado por Agustín Esmaro Guevara Ruíz.

---

1. **DESCRIPCIÓN.-**

El proyecto se refiere a un sistema mecánico para generación de energía eléctrica a pequeña escala por propulsión gravitatoria que comprende un alimentador de agua dispuesto en la parte superior, dos poleas alineadas en dirección vertical, una superior y otra inferior, entre las cuales se coloca una cuerda o cable; sobre la cuerda se acoplan cubos o baldes dispuestos separadamente en forma uniforme con sus bocas orientadas en una misma dirección; sobre un lado los baldes están con la boca hacia arriba y en el otro lado se encuentran con la boca hacia abajo; durante su funcionamiento el balde dispuesto en la parte superior con la boca arriba es llenado con agua y debido al peso del agua el balde se desplaza hacia la parte inferior donde al cambiar de dirección descarga el agua y luego es elevado hacia la parte superior; un dinamo o generador se acopla a una de las poleas para generar energía eléctrica o para cargar baterías.

2. **ANTECEDENTES ENCONTRADOS:**

El antecedente más cercano encontrado es el siguiente:

D1 = Publicación del VIII Concurso de Inventores nacionales, INDECOPI 2004-11-04; Mini hidroeléctrica, presentado por Agustín Esmaro Guevara Ruíz (Ver anexo adjunto).

3. **NOVEDAD Y PATENTABILIDAD**

El proyecto propuesto es anticipado por el documento D1. Por lo tanto, NO sería factible su patentamiento.

JOSE LUIS FABIAN CHALE.
Consultor en Propiedad Industrial.

ANEXO N.º 9

GLOSSÁRIO

***INDECOPI**:* O Instituto Nacional de Defesa da Concorrência e da Proteção da Propriedade Intelectual (INDECOPI) é um organismo público especializado dependente da Presidência do Conselho de Ministros. Iniciou as suas actividades em novembro de 1992, através do Decreto-lei n.º 25868. As suas funções são a promoção do mercado e a proteção dos direitos dos consumidores. Promove igualmente uma cultura de concorrência leal e livre na economia peruana, salvaguardando todas as formas de propriedade intelectual: desde os sinais distintivos e os direitos de autor até às patentes e à biotecnologia. Como resultado do seu trabalho na promoção de regras de concorrência leal e livre entre os agentes da economia peruana, o INDECOPI é concebido como uma entidade de serviços que promove o desenvolvimento de uma cultura de qualidade, para alcançar a plena satisfação dos cidadãos, dos empresários e do Estado (Indecopi, 2020, n. p.).

***Invenção**:* Qualquer nova solução técnica para um problema técnico em qualquer domínio da tecnologia *(*fUNMSM, 2018, p.04).

***Inventor**:* Pessoa física que gerou uma criação útil e inédita de aplicação industrial (UNMSM, 2018, p.04).

Patente de modelo de utilidade: É qualquer nova forma, configuração ou disposição de elementos, de qualquer dispositivo, ferramenta, mecanismo ou outro objeto, ou de qualquer parte deste, que permita um melhor ou diferente funcionamento, uso ou fabricação do objeto que o incorpora, ou lhe proporcione qualquer utilidade, vantagem ou efeito técnico que não tinha antes (UNMSM, 2018, p.05).

***Tecnologia**:* É todo sistema de técnicas práticas fundadas, ou estudo delas, distinguindo-se da técnica simples ou da técnica pré-científica (Bunge, 2012, p. 51).

Tecnólogo: O tecnólogo aplica o método científico a problemas de interesse prático (Bunge, 2012, p. 51*).*

ACTAS DE APOIO

Escuela Académico Profesional de Filosofía

ACTA DE SUSTENTACIÓN DE TESIS

PARA OBTENER EL TÍTULO PROFESIONAL DE LICENCIADO EN FILOSOFÍA

Reunido el Jurado en sesión virtual, el día miércoles 25 de noviembre de 2020 a las diez horas, integrado por el Mg. Dante Dávila Morey (Presidente), Dr. Luis Adolfo Piscoya Hermoza (Asesor), Lic. Aníbal Campos Rodrigo (Informante) y Mg. Hermínio Paucar Curasma (Informante) para calificar la sustentación de la tesis titulada **LA TELEOLOGÍA DE LOS EXPERIMENTOS CIENTÍFICOS: EL CASO DE LA CAÍDA LIBRE DE LOS CUERPOS**, presentada por el bachiller Agustín Esmaro Guevara Ruiz, para optar el título de Licenciado en Filosofía.

Después de la exposición del tesista, la lectura de sus conclusiones y absueltas las preguntas formuladas por el Jurado, este se retiró a deliberar y acordó la siguiente calificación de acuerdo a lo establecido por el Reglamento General de Estudios de Pregrado:

Sobresaliente con mención (20)

Habiendo sido aprobada la sustentación de la tesis, el Jurado recomendó que la Facultad proponga que se le otorgue el título de Licenciado en Filosofía al bachiller Agustín Esmaro Guevara Ruiz.

Concluido el acto académico a las 12:30 horas, firman la presente acta.

Mg. Dante Dávila Morey
Presidente

Lic. Aníbal Campos Rodrigo
Jurado Informante

Mg. Hermínio Paucar Curasma
Jurado Informante

Dr. Luis Adolfo Piscoya Hermoza
Jurado Asesor

Letras mayúsculas del Perú y América

Facultad de Letras y Ciencias Humanas / Universidad Nacional Mayor de San Marcos
Calle Germán Amézaga n.° 375, Lima 1 - Perú. Ciudad universitaria (puerta 3)
Teléfonos: (051) (01) 452 4641 / (051) (01) 619 7000 - www.letras.unmsm.edu.pe

Printed by Books on Demand GmbH, Norderstedt / Germany